21世纪高职高专机电系列技能型规划教材·机械制造类

公差配合与测量技术项目教程

主　编　王丽丽　徐连孝
副主编　邢友强
参　编　李旦阳　陈善岭　王　冰　郑　睿
主　审　肖国涛

北京大学出版社
PEKING UNIVERSITY PRESS

内容简介

本书根据高等职业教育的实际需求，对公差配合与测量技术课程进行了大胆改革，引入企业真实工作任务作为课程教学内容，注重学生应用能力和综合素质的培养。本书详细介绍了互换性的基本概念，测量技术的基础知识和测量方法，公差与配合的基本内容、结构、特征及选用，公差检测的概念和基本方法。全书除绪论外，共含 6 个项目，包括孔和轴的公差与配合、形位公差的标注与选择、表面粗糙度的标注与选择、光滑工件尺寸的检测、典型零部件的公差配合与测量、尺寸链。各项目逐层次地分为不同的任务，并在知识链接中配置了相关的表格，每个项目都有典型例题可供参考，又有实训内容及拓展与练习，配合教学需要，易教易学。

本书以基本概念、基本理论和基本测量方法为主要内容，不追求严格的教学推导，但内容丰富，理论联系实际，故本书是一本较为实用、全面的高等学校机械类专业的技术基础课教材。本书引用了最新的国家标准和技术资料，便于在学习和实践中应用。

本书可作为高等职业院校制造大类相关专业的教材，也可供有关工程技术人员参考使用。

图书在版编目(CIP)数据

公差配合与测量技术项目教程/王丽丽，徐连孝主编. —北京：北京大学出版社，2015.4
(21 世纪高职高专机电系列技能型规划教材)
ISBN 978-7-301-25614-5

Ⅰ. ①公… Ⅱ. ①王…②徐… Ⅲ. ①公差—配合—高等职业教育—教材②技术测量—高等职业教育—教材 Ⅳ. ①TG801

中国版本图书馆 CIP 数据核字(2015)第 056971 号

书　　　名	公差配合与测量技术项目教程
著作责任者	王丽丽　徐连孝　主　编
策 划 编 辑	刘晓东
责 任 编 辑	黄红珍
标 准 书 号	ISBN 978-7-301-25614-5
出 版 发 行	北京大学出版社
地　　　址	北京市海淀区成府路 205 号　100871
网　　　址	http://www.pup.cn　新浪微博：@北京大学出版社
电 子 信 箱	pup_6@163.com
电　　　话	邮购部 010-62752015　发行部 010-62750672　编辑部 010-62750667
印 刷 者	北京虎彩文化传播有限公司
经 销 者	新华书店
	787 毫米×1092 毫米　16 开本　11.75 印张　267 千字
	2015 年 4 月第 1 版　2022 年 8 月第 5 次印刷
定　　　价	36.00 元

未经许可，不得以任何方式复制或抄袭本书之部分或全部内容。
版权所有，侵权必究
举报电话：010-62752024　电子信箱：fd@pup.pku.edu.cn
图书如有印装质量问题，请与出版部联系，电话：010-62756370

前　　言

本书根据教育部《关于全面提高高等职业教育教学质量的若干意见》即教高【2006】16号文件中明确的高等职业教育培养的是高素质技能型专门人才，要以服务为宗旨，以就业为导向，走产学结合的发展道路的方针，对原有的课程体系进行改革，研究开发出结合生产实际的教材。

本书围绕公差配合与技术测量两大内容展开。在内容选择上，突出考虑了机械设计和数控加工对本书的要求，考虑了相关内容的衔接性，形成了比较完整和科学的内容体系，能适应当前课程教学改革的基本要求。

本书以突出职业意识和职业能力为培养主线，精选教学内容，全书共6个项目，13个任务，并根据任务特点，设计了相应的13个实训项目。每个项目配有一定的拓展与练习题目，以加强应用理论知识解决实际问题能力的训练。

本书采用了最新的国家标准，并注意新标准的宣贯和新技术的推广应用。本书内容简明扼要，理论联系实际，突出能力培养。编写中，在讲清原理的基础上，着重问题的分析和具体应用。本书附有较多的实例，有助于读者较快地掌握相关技术。

本书由山东信息职业技术学院王丽丽、徐连孝副教授主编，潍柴动力股份有限公司高级工程师邢友强副主编，山东信息职业技术学院李旦阳、陈善岭、王冰、郑睿参与编写。具体分工：王丽丽（绪论，项目1，项目5任务5.1、任务5.2）、徐连孝（项目2、项目5任务5.3）、李旦阳（项目3任务3.1）、邢友强（项目3任务3.2）、陈善岭（项目4任务4.1）、王冰（项目4任务4.2）、郑睿（项目6任务6.1）。全书由徐连孝负责统稿和定稿。在近3年的教学改革与教材的编写过程中得到了学院各级领导与同行的大力支持，特别是张伟主任对教材内容安排提出了宝贵的建议，并大力支持本课程进行教学改革；还有有关企业领导和企业一线技术人员的大力支持，在此一并表示衷心的感谢！

本书由山东信息职业技术学院肖国涛任主审，他提出了很多宝贵的修改意见，在此表示衷心感谢！

本书可作为高等职业院校制造大类相关专业的教材，也可供有关工程技术人员参考。

限于编者的学术水平，书中不足之处在所难免，恳请广大读者批评指正。

编　者
2014年12月

目 录

绪 论 ……………………………… 1
    0.1 互换性概述 …………………… 2
    0.2 标准及标准化 ………………… 3
    0.3 优先数和优先数系 …………… 4
    0.4 本课程的性质和主要任务 …… 6
    拓展与练习 ………………………… 6

项目 1 孔和轴的公差与配合 ……… 7
    任务 1.1 识读简单零件的尺寸
           公差标注 ……………… 8
        1.1.1 任务描述 ……………… 8
        1.1.2 任务实施 ……………… 9
        1.1.3 知识链接 ……………… 14
        1.1.4 实训项目 ……………… 21
    任务 1.2 识读装配图上的
           配合标注 ……………… 22
        1.2.1 任务描述 ……………… 22
        1.2.2 任务实施 ……………… 22
        1.2.3 知识链接 ……………… 23
        1.2.4 实训项目 ……………… 31
    任务 1.3 尺寸公差及配合的设计 … 31
        1.3.1 任务描述 ……………… 31
        1.3.2 任务实施 ……………… 31
        1.3.3 知识链接 ……………… 32
        1.3.4 实训项目 ……………… 40
    拓展与练习 ………………………… 42

项目 2 形位公差的标注与选择 …… 43
    任务 2.1 识读形位公差标注 ……… 44
        2.1.1 任务描述 ……………… 44
        2.1.2 任务实施 ……………… 44
        2.1.3 知识链接 ……………… 45
        2.1.4 实训项目 ……………… 70
    任务 2.2 形位公差的选择 ………… 71
        2.2.1 任务描述 ……………… 71
        2.2.2 任务实施 ……………… 72
        2.2.3 知识链接 ……………… 73
        2.2.4 实训项目 ……………… 82
    拓展与练习 ………………………… 82

项目 3 表面粗糙度的标注与选择 … 85
    任务 3.1 识读表面粗糙度的
           标注 …………………… 86
        3.1.1 任务描述 ……………… 86
        3.1.2 任务实施 ……………… 86
        3.1.3 知识链接 ……………… 87
        3.1.4 实训项目 ……………… 96
    任务 3.2 表面粗糙度的选择 ……… 97
        3.2.1 任务描述 ……………… 97
        3.2.2 任务实施 ……………… 97
        3.2.3 知识链接 ……………… 98
        3.2.4 实训项目 ……………… 102
    拓展与练习 ………………………… 102

项目 4 光滑工件尺寸的检测 ……… 105
    任务 4.1 单件小批量生产零件的
           检测 …………………… 106
        4.1.1 任务描述 ……………… 106
        4.1.2 任务实施 ……………… 106
        4.1.3 知识链接 ……………… 106
        4.1.4 实训项目 ……………… 111
    任务 4.2 大批大量生产零件的
           检测 …………………… 111
        4.2.1 任务描述 ……………… 111
        4.2.2 任务实施 ……………… 112
        4.2.3 知识链接 ……………… 112
        4.2.4 实训项目 ……………… 121
    拓展与练习 ………………………… 121

项目 5 典型零部件的公差配合与
        测量 ………………………… 122

任务 5.1 滚动轴承的公差与
　　　　　配合 ················· 123
　　5.1.1 任务描述 ············ 123
　　5.1.2 任务实施 ············ 123
　　5.1.3 知识链接 ············ 123
　　5.1.4 实训项目 ············ 132
任务 5.2 键的公差配合与测量 ······ 132
　　5.2.1 任务描述 ············ 132
　　5.2.2 任务实施 ············ 132
　　5.2.3 知识链接 ············ 133
　　5.2.4 实训项目 ············ 146
任务 5.3 螺纹的公差配合与
　　　　　测量 ················· 146
　　5.3.1 任务描述 ············ 146
　　5.3.2 任务实施 ············ 146
　　5.3.3 知识链接 ············ 147
　　5.3.4 实训项目 ············ 163
拓展与练习 ······················· 164

项目 6 尺寸链 ················· 165

任务 6.1 工艺尺寸链的计算 ········ 166
　　6.1.1 任务描述 ············ 166
　　6.1.2 任务实施 ············ 166
　　6.1.3 知识链接 ············ 167
　　6.1.4 实训项目 ············ 174
拓展与练习 ······················· 175

参考文献 ······················· 176

绪　　论

> **学习目的与要求**

(1) 掌握互换性的概念、分类、意义及条件。
(2) 区别标准和标准化的概念。
(3) 了解标准化在推动机械制造进步中的作用。

0.1 互换性概述

在日常生活工作中,我们经常会遇到这样的现象:灯泡坏了,购买一只新的安装上去就可发出与原来一样的光;自行车零件坏了,把一个新的同一型号的零件安装上,就可以恢复原有的功能。这些现象说明一个共同的性质,即市面上的零部件与使用中的零部件可以互相代替使用。在实际的生产过程中,产品及其零部件互相代替使用的性质就称为互换性。

1. 互换性的定义

互换性是指同一规格的一批零部件,能够彼此相互替代、能保证使用且具有相同效果的性能。

2. 互换性的分类

互换性按其互换程度可分为完全互换和不完全互换两大类。

1) 完全互换

完全互换是指同一规格的零部件,装配前不需要挑选、调整和修配就能装配到机器上,并且能满足使用要求。它一般用于大批大量生产的标准化零部件,如螺栓、螺母、滚动轴承等。

2) 不完全互换

不完全互换是指同一规格的零部件,装配前需要挑选、调整和修配才能装配到机器上,并且能满足使用要求。它一般应用于生产批量小、精度要求高的零部件。

当装配精度要求很高时,每个零件的精度要求也相对较高,这样会给零件的制造带来一定的困难,甚至无法加工。为了解决这一矛盾,且在生产中为了便于加工,通常把零件的尺寸公差适当放大,而在加工后再根据实际尺寸的大小,将互相配合的零部件分成若干个组,使同组内的尺寸差别较小,再按照对应的组进行装配,这样既保证了装配精度又解决了零件加工的困难,这是利用分组装配的方法实现的不完全互换。有时,生产中也采用修配的方法来实现不完全互换,即待零件加工完毕后,装配时对某一特殊零件按所需要的尺寸进行调整,以达到装配和使用的要求。

上述两种互换性的使用场合不同,一般来说,不完全互换仅限于部件或机构在制造厂内部的装配,至于厂外协作或配件的生产,则往往要求完全互换。

3. 互换性的意义

互换性在制造业中的意义如下所述。

(1) 设计方面:由于采用了具有互换性的标准件、通用件,大大简化了绘图和计算工作,缩短了设计周期,有利于计算机辅助设计和产品的多样化。

(2) 制造方面:零部件的互换性有利于组织专业化生产,便于采用先进工艺和高效率的专用设备,有利于计算机辅助制造及实现加工过程和装配过程的机械化、自动化,从而可提高产品质量和生产效率,大大降低生产成本。

(3) 使用维修方面:因零部件具有互换性,对已经磨损或损坏的零部件可方便地用相同类型的新零部件替换,从而减少了机器使用和维修的时间和费用,提高了机器的使用寿命和价值。

4. 实现互换性的条件

零部件在机械加工过程中,受到机床精度、操作工人技术水平及生产环境等因素的影响,加工后得到产品的实际几何参数偏离了理想几何参数而产生加工误差,这种误差是不可避免的。因此,要想把同一规格的同一批零件做得完全一致是不可能的,也是没有必要的,实际上只要把零件的几何参数控制在允许变动的范围内就可以了,这个允许误差的变动范围就是公差。换言之,只要在规定的公差范围内制造零件,就能满足互换性的要求。

零部件的加工精度由加工误差最终体现出来,而加工误差又是由公差控制,公差越大,加工误差就越大,加工精度就越低。也就是说,零件的加工精度越低,越容易加工,成本就越低;反之,越难加工,成本越高。因此,合理确定零部件几何量公差是实现互换性的一个必备条件。

零件的几何量公差包括尺寸公差、形位公差和表面粗糙度等。

对加工好的零件是否满足公差要求,要通过技术测量即检测来判断。若只规定零部件的公差,而缺少相应的检测措施,互换性生产也是不能实现的。因此,正确地选择和使用测量工具,是必须掌握的技能,也是实现互换性生产的另一个必备条件。

0.2 标准及标准化

现代化生产的特点是品种多、规模大、分工细、协作多和互换性要求高。为了适应这些特点,使生产上相互联系的各个部门与企业之间在技术上相互协调,必须有一种协调手段,以保持必要的技术统一,形成一个有机的整体,从而实现互换性生产。标准和标准化是实现互换性生产的基础。

1. 标准

1) 标准的概念

标准是对重复性事物和概念所做的统一规定。它以科学、技术和实践经验的综合成果为基础,经有关方面协商一致,由主管机构批准,以特定形式颁布,作为共同遵守的准则和依据。标准一经颁布,就是技术法规,具有法制性,不允许随意修改和拒绝执行。

标准的范围极广,种类繁多,涉及人类生活的各个方面。本课程研究的公差标准、检测器具和方法标准,大多属于国家基础标准。标准对产品质量的改进、生产周期的缩短、新产品的开发、经济效益的提高及社会主义市场经济的发展都有着很重要的意义。

2) 标准的分类

标准的分类方法有很多种,见表 0-1。

表 0-1 标准的分类

分类角度	类别名	基本内容	标准举例
按标准的性质	技术标准	根据生产技术活动的经验总结,作为技术上共同遵守的法规而制定的标准	GB 321—1980
	管理标准	建立质量管理及质量保证的原则、方法等所涉及的标准	ISO 9000:2000
	工作标准	对产品设计及验收等工作方法进行统一约定的标准	GB 18779.2—2004

(续)

分类角度	类别名	基本内容	标准举例
按标准化对象的特征	基础标准	一定范围内作为标准的基础并普遍使用，具有广泛指导意义的标准	GB/T 321—2005
	产品标准	规定产品生产及经营的标准	GB 5781—1986
	方法标准	针对测量数据处理方法的标准，或针对公差进行误差测量和评定方法的标准	GB/T 5847—1004
	安全、卫生与环境保护标准	从人员、设备和环境方面考虑，对产品规定技术指标的标准	GB 18352.1
按标准的使用范围	国际标准	国际标准化组织通过并颁布的标准	ISO 103602：2001
	国家标准	国家标准化委员会颁布的标准	GB 1182—2008
	地方标准	地方政府授权机构，在某地区标准化组织颁布的标准	DB 31/355—2006
	行业标准	在某行业范围内，由该行业的国家授权机构颁布的标准	JB/T 8061—1996
	企业标准	企业自行制定的标准	Q/BB 645.005—2005

2. 标准化

标准化是指标准的制定、发布和贯彻实施的全部活动过程，包括从调查标准化对象开始，经试验、分析和综合归纳，进而制定和贯彻标准，以后还要修订标准等。以获得最佳的秩序和社会效益为目的的标准化是以标准的形式体现的，其重要意义是改进产品、过程和服务的适用性，防止贸易壁垒，促进技术合作。

0.3 优先数和优先数系

在机械设计过程中，经常需要确定许多参数，而且这些参数间相互关联。例如：螺栓的尺寸一旦确定，将会影响螺母的尺寸、丝锥板牙的尺寸、螺栓孔的尺寸以及加工螺栓孔的钻头的尺寸、检验螺栓孔量规的尺寸等。由于数值如此不断关联、不断传播，所以，机械产品中的各种技术参数不能随意确定。

为使产品的参数选择能遵守统一的规律，使参数选择一开始就纳入标准化轨道，必须对各种技术参数的数值做出统一规定。国家标准《优先数和优先数系》（GB/T 321—2005）就是其中最重要的一个标准，要求工业产品技术参数尽可能采用它。

1. 优先数系

优先数系是工程设计和工业生产中常用的一种数值制度。国家标准《优先数和优先数系》（GB/T 321—2005）规定十进制等比数列为优先数系，并规定了5个系列，分别为R5、R10、R20、R40、R80，其中前4个为基本系列，R80为补充系列。各系列的公比见表0-2。

表 0-2 优先数系的公比

系列	R5	R10	R20	R40	R80
r	5	10	20	40	80
$q_r=\sqrt[r]{10}$	1.60	1.25	1.12	1.06	1.03

若按照优先数系的公比计算，所得优先数值除了 10 的整数幂以外，都是无理数，工程上不能直接应用。实际应用都是经过圆整后的近似值。基本系列在 1～10 范围内的常见值见表 0-3。

表 0-3 优先数系的基本系列

R5	R10	R20	R40
1.00	1.00	1.00	1.00
			1.06
		1.12	1.12
			1.18
	1.25	1.25	1.25
			1.32
		1.40	1.40
			1.50
1.60	1.60	1.60	1.60
			1.70
		1.80	1.80
			1.90
	2.00	2.00	2.00
			2.12
		2.24	2.24
			2.36
2.50	2.50	2.50	2.50
			2.65
		2.80	2.80
			3.00
	3.15	3.15	3.15
			3.35
		3.55	3.55
			3.75
4.00	4.00	4.00	4.00
			4.25
		4.50	4.50
			4.75

(续)

R5	R10	R20	R40
	5.00	5.00	5.00
			5.30
		5.60	5.60
			6.00
6.30	6.30	6.30	6.30
			6.70
		7.10	7.10
			7.50
	8.00	8.00	8.00
			8.50
		9.00	9.00
10.00	10.00	10.00	10.00

2. 优先数系的选用原则

选用基本系列时，应遵守"先疏后密"的原则，即按照 R5、R10、R20、R40 的顺序选用；当基本系列不能满足要求时，可选用补充系列。

本课程所涉及的有关标准，诸如尺寸分段、公差等级及表面粗糙度的参数系列等，基本上都采用了优先数系。

0.4 本课程的性质和主要任务

本课程是机械类各专业一门重要的技术基础课程，是联系机械设计和机械制造工艺课程的纽带，是从基础课学习过渡到专业课学习的桥梁。

学生在学习本课程时，应具有一定的理论知识和生产实践知识，能读懂图纸，懂得图样标注方法，了解机械加工的一般知识，熟悉常用的机构原理。学生完成本课程的学习时应达到下列要求。

（1）掌握标准化和互换性的基本概念和相关术语及定义。
（2）掌握形位公差、表面粗糙度的相关概念以及标注的主要内容、特点及原则。
（3）初步学会根据零件的功能技术要求，选用形位公差和表面粗糙度及配合。
（4）能够查阅相关表格，正确标注图样。
（5）熟悉典型零件的检测方法，并能正确地选择设计所用的计量器具。

拓展与练习

1. 试述互换性的概念及意义，并列举互换性的应用实例。
2. 完全互换和不完全互换的区别是什么？各用于什么场合？
3. 实现互换性的条件有哪些？
4. 为什么要制定《优先数和优先数系》国家标准？我国国家标准规定的优先数系有哪些？
5. 标准的分类有哪些？

项目 1

孔和轴的公差与配合

学习目的与要求

(1) 掌握尺寸公差与配合的有关术语及标准规定。
(2) 掌握尺寸公差与配合的有关计算。
(3) 掌握公差带图的画法。
(4) 掌握尺寸公差及配合的标注方法。
(5) 能够正确查取和运用标准公差数值表和基本偏差数值表。
(6) 能够利用公差带图解出配合性质。
(7) 能够根据零件的功能技术要求,进行尺寸公差和配合的设计。

任务 1.1　识读简单零件的尺寸公差标注

1.1.1　任务描述

识读图 1.1 和图 1.2 中的后压盖孔与丝杠轴的尺寸公差标注，完成下列任务。

（1）后压盖孔和丝杠轴的基本尺寸？
（2）后压盖孔和丝杠轴的公差等级？
（3）后压盖孔和丝杠轴的标准公差数值？
（4）后压盖孔和丝杠轴的基本偏差名称及数值？

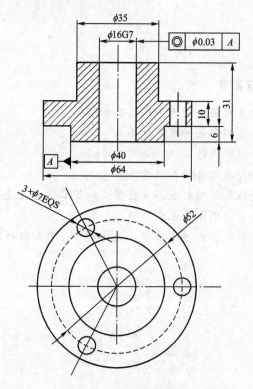

图 1.1　后压盖零件图

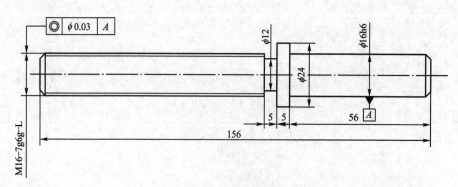

图 1.2　丝杠轴零件图

(5) 后压盖孔和丝杠轴的另一个极限偏差？

(6) 后压盖孔和丝杠轴的极限尺寸？

(7) 后压盖孔和丝杠轴的尺寸公差？

(8) 分别画出后压盖孔和丝杠轴的尺寸公差带图。

1.1.2 任务实施

(1) 图1.1中，后压盖孔的基本尺寸：$D=16$mm。

图1.2中，丝杠轴的基本尺寸：$d=16$mm。

(2) 图1.1中，后压盖孔的公差等级：IT7。

图1.2中，丝杠轴的公差等级：IT6。

(3) 查表1-1标准公差数值表，后压盖孔的标准公差数值：$T_h=0.018$mm。

丝杠轴的标准公差数值：$T_s=0.011$mm。

(4) 查表1-3孔的基本偏差数值表，后压盖孔的基本偏差：EI=0.006mm。

查表1-2轴的基本偏差数值表，丝杠轴的基本偏差：es=0mm。

(5) 后压盖孔的另一个极限偏差：

由公式 $T_h=$ ES$-$EI 得，ES$=T_h+$EI，代入数据，ES$=0.018+0.006=0.024$(mm)。

丝杠轴的另一个极限偏差：

由公式 $T_s=$ es$-$ei 得，ei$=$es$-T_s$，代入数据，ei$=0-0.011=-0.011$(mm)。

表 1-1 标准公差数值表(摘自 GB/T 1800.1—2009)

基本尺寸/mm		公差等级																
		IT1	IT2	IT3	IT4	IT5	IT6	IT7	IT8	IT9	IT10	IT11	IT12	IT13	IT14	IT15	IT16	IT17	IT18
大于	至	μm											mm						
—	3	0.8	1.2	2	3	4	6	10	14	25	40	60	0.10	0.14	0.25	0.40	0.60	1.0	1.4
3	6	1	1.5	2.5	4	5	8	12	18	30	48	75	0.12	0.18	0.30	0.48	0.75	1.2	1.8
6	10	1	1.5	2.5	4	6	9	15	22	36	58	90	0.15	0.22	0.36	0.58	0.90	1.5	2.2
10	18	1.2	2	3	5	8	11	18	27	43	70	110	0.18	0.27	0.43	0.70	1.10	1.8	2.7
18	30	1.5	2.5	4	6	9	13	21	33	52	84	130	0.21	0.33	0.52	0.84	1.30	2.1	3.3
30	50	1.5	2.5	4	7	11	16	25	39	62	100	160	0.25	0.39	0.62	1.00	1.60	2.5	3.9
50	80	2	3	5	8	13	19	30	46	74	120	190	0.30	0.46	0.74	1.20	1.90	3.0	4.6
80	120	2.5	4	6	10	15	22	35	54	87	140	220	0.35	0.54	0.87	1.40	2.20	3.5	5.4
120	180	3.5	5	8	12	18	25	40	63	100	160	250	0.40	0.63	1.00	1.60	2.50	4.0	6.3
180	250	4.5	7	10	14	20	29	46	72	115	185	290	0.46	0.72	1.15	1.85	2.90	4.6	7.2
250	315	6	8	12	16	23	32	52	81	130	210	320	0.52	0.81	1.30	2.10	3.20	5.2	8.1
315	400	7	9	13	18	25	36	57	89	140	230	360	0.57	0.89	1.40	2.30	3.60	5.7	8.9
400	500	8	10	15	20	27	40	63	97	155	250	400	0.63	0.97	1.55	2.50	4.00	6.3	9.7

注：基本尺寸小于或等于1mm时，无IT14至IT18。

表 1-2 尺寸≤500mm 的轴的基本偏差数值

基本尺寸/mm	基本偏差 上偏差 es											基本偏差 下偏差 ei			
	a	b	c	cd	d	e	ef	f	fg	g	h	js	j			k
	所有公差等级												5~6	7	8	4~7
≤3	−270	−140	−60	−34	−20	−14	−10	−6	−4	−2	0		−2	−4	−6	0
>3~6	−270	−140	−70	−46	−30	−20	−14	−10	−6	−4	0		−2	−4	—	+1
>6~10	−280	−150	−80	−56	−40	−25	−18	−13	−8	−5	0		−2	−5	—	+1
>10~14	−290	−150	−95	—	−50	−32	—	−16	—	−6	0		−3	−6	—	+1
>14~18	−290	−150	−95	—	−50	−32	—	−16	—	−6	0		−3	−6	—	+1
>18~24	−300	−160	−110	—	−65	−40	—	−20	—	−7	0	偏差等于 ±IT/2	−4	−8	—	+2
>24~30	−300	−160	−110	—	−65	−40	—	−20	—	−7	0		−4	−8	—	+2
>30~40	−310	−170	−120	—	−80	−50	—	−25	—	−9	0		−5	−10	—	+2
>40~50	−320	−180	−130	—	−80	−50	—	−25	—	−9	0		−5	−10	—	+2
>50~65	−340	−190	−140	—	−100	−60	—	−30	—	−10	0		−7	−12	—	+2
>65~80	−360	−200	−150	—	−100	−60	—	−30	—	−10	0		−7	−12	—	+2
>80~100	−380	−220	−170	—	−120	−72	—	−36	—	−12	0		−9	−15	—	+3
>100~120	−410	−240	−180	—	−120	−72	—	−36	—	−12	0		−9	−15	—	+3
>120~140	−460	−260	−200	—	−145	−85	—	−43	—	−14	0		−11	−18	—	+3
>140~160	−520	−280	−210	—	−145	−85	—	−43	—	−14	0		−11	−18	—	+3
>160~180	−580	−310	−230	—	−145	−85	—	−43	—	−14	0		−11	−18	—	+3
>180~200	−660	−340	−240	—	−170	−100	—	−50	—	−15	0		−13	−21	—	+4
>200~225	−740	−380	−260	—	−170	−100	—	−50	—	−15	0		−13	−21	—	+4
>225~250	−820	−420	−280	—	−170	−100	—	−50	—	−15	0		−13	−21	—	+4
>250~280	−920	−480	−300	—	−190	−110	—	−56	—	−17	0		−16	−26	—	+4
>280~315	−1050	−540	−330	—	−190	−110	—	−56	—	−17	0		−16	−26	—	+4
>315~355	−1200	−600	−360	—	−210	−125	—	−62	—	−18	0		−18	−28	—	+4
>355~400	−1350	−680	−400	—	−210	−125	—	−62	—	−18	0		−18	−28	—	+4
>400~450	−1500	−760	−440	—	−230	−135	—	−68	—	−20	0		−20	−32	—	+5
>450~500	−1650	−840	−480	—	−230	−135	—	−68	—	−20	0		−20	−32	—	+5

注：1. 基本尺寸小于或等于1mm时，基本偏差 a 和 b 均不采用；

2. 公差 js7~js11，若 IT 的数值（μm）为奇数，则其偏差等于 ±(IT−1)/2。

(GB/T 1800.2—2009)　　　　　　　　　　　　　　　　　　　　　　　　　　　　（单位：μm）

基本偏差

下偏差 ei

k	m	n	p	r	s	t	u	v	x	y	z	za	zb	zc
≤3，>7						所有公差等级								
0	+2	+4	+6	+10	+14	—	+18	—	+20	—	+26	+32	+40	+60
0	+4	+8	+12	+15	+19	—	+23	—	+28	—	+35	+42	+50	+80
0	+6	+10	+15	+19	+23	—	+28	—	+34	—	+42	+52	+67	+97
0	+7	+12	+18	+23	+28	—	+33	—	+40	—	+50	+64	+90	+130
								+39	+45	—	+60	+77	+108	+150
0	+8	+15	+22	+28	+35	—	+41	+47	+54	+63	+73	+98	+136	+188
						+41	+48	+55	+64	+75	+88	+118	+160	+218
0	+9	+17	+26	+34	+43	+48	+60	+68	+80	+94	+112	+148	+200	+274
						+54	+70	+81	+97	+114	+136	+180	+242	+325
0	+11	+20	+32	+41	+53	+66	+87	+102	+122	+144	+172	+226	+300	+405
				+43	+59	+75	+102	+120	+146	+172	+210	+274	+360	+480
0	+13	+23	+37	+51	+71	+91	+124	+146	+178	+214	+258	+335	+445	+585
				+54	+79	+104	+144	+172	+210	+256	+310	+400	+525	+690
0	+15	+27	+43	+63	+92	+122	+170	+202	+248	+300	+365	+470	+620	+800
				+65	+100	+134	+190	+228	+280	+340	+415	+535	+700	+900
				+68	+108	+146	+210	+252	+310	+380	+465	+600	+780	+1000
0	+17	+31	+50	+77	+122	+166	+236	+284	+350	+425	+520	+670	+880	+1150
				+80	+130	+180	+258	+310	+385	+470	+575	+740	+960	+1250
				+84	+140	+196	+284	+340	+425	+520	+640	+820	+1050	+1350
0	+20	+34	+56	+94	+158	+218	+315	+385	+475	+580	+710	+920	+1200	+1550
				+98	+170	+240	+350	+425	+525	+650	+790	+1000	+1300	+1700
0	+21	+37	+62	+108	+190	+268	+390	+475	+590	+730	+900	+1150	+1500	+1900
				+114	+208	+294	+435	+530	+660	+820	+1000	+1300	+1650	+2100
0	+23	+40	+68	+126	+232	+330	+490	+595	+740	+920	+1100	+1450	+1850	+2400
				+132	+252	+360	+540	+660	+820	+1000	+1250	+1600	+2100	+2600

表 1-3 尺寸≤500mm 的孔的基本偏差数值

基本尺寸 /mm	基本偏差															
	下偏差 EI											上偏差 ES				
	A	B	C	CD	D	E	EF	F	FG	G	H	JS	J			K	M
	所有公差等级											6	7	8	≤8	>8	≤8
≤3	+270	+140	+60	+34	+20	+14	+10	+6	+4	+2	0	+2	+4	+6	0	0	−2
>3~6	+270	+140	+70	+46	+30	+20	+14	+10	+6	+4	0		+5	+6	+10	−1+Δ	−	−4+Δ
>6~10	+280	+150	+80	+56	+40	+25	+18	+13	+8	+5	0		+5	+8	+12	−1+Δ	−	−6+Δ
>10~14	+290	+150	+95	−	+50	+32	−	+16	−	+6	0		+6	+10	+15	−1+Δ	−	−7+Δ
>14~18																	
>18~24	+300	+160	+110	−	+65	+40	−	+20	−	+7	0		+8	+12	+20	−2+Δ	−	−8+Δ
>24~30																	
>30~40	+310	+170	+120	−	+80	+50	−	+25	−	+9	0		+10	+14	+24	−2+Δ	−	−9+Δ
>40~50	+320	+180	+130														
>50~65	+340	+190	+140	−	+100	+60	−	+30	−	+10	0		+13	+18	+28	−2+Δ	−	−11+Δ
>65~80	+360	+200	+150														
>80~100	+380	+220	+170	−	+120	+72	−	+36	−	+12	0	偏差等于 $\pm\frac{IT}{2}$	+16	+22	+34	−3+Δ	−	−13+Δ
>100~120	+410	+240	+180														
>120~140	+460	+260	+200	−	+145	+85	−	+43	−	+14	0		+18	+26	+41	−3+Δ	−	−15+Δ
>140~160	+520	+280	+210														
>160~180	+580	+310	+230														
>180~200	+660	+340	+240	−	+170	+100	−	+50	−	+15	0		+22	+30	+47	−4+Δ	−	−17+Δ
>200~225	+740	+380	+260														
>225~250	+820	+420	+280														
>250~280	+920	+480	+300	−	+190	+110	−	+56	−	+17	0		+25	+36	+55	−4+Δ	−	−20+Δ
>280~315	+1050	+540	+330														
>315~355	+1200	+600	+360	−	+210	+125	−	+62	−	+18	0		+29	+39	+60	−4+Δ	−	−21+Δ
>355~400	+1350	+680	+400														
>400~450	+1500	+760	+440	−	+230	+135	−	+68	−	+20	0		+33	+43	+66	−5+Δ	−	−23+Δ
>450~500	+1650	+840	+480														

注：1. 1mm 以下各级 A 和 B 均不采用；
2. 标准公差≤IT8 级的 K、M、N 及标准公差≤IT7 级的 P~ZC，从表的右侧选取 Δ 值。例如：在 18~30mm 之间的 P7，Δ=8μm，因此 ES=−22+8=−14(μm)。

项目1 孔和轴的公差与配合

(GB/T 1800.2—2009)   (单位：μm)

基本偏差																			
上偏差 ES														Δ 值					
M	N		P~ZC	P	R	S	T	U	V	X	Y	Z	ZA	ZB	ZC				
>8	≤8	>8	≤7					>7								3	4	5	6	7	8
−2	−4	−4		−6	−10	−14	—	−18	—	−20	—	−26	−32	−40	−60	0	0	0	0	0	0
−4	−8+Δ	0		−12	−15	−19	—	−23	—	−28	—	−35	−42	−50	−80	1	1.5	1	3	4	6
−6	−10+Δ	0		−15	−19	−23	—	−28	—	−34	—	−42	−52	−67	−97	1	1.5	2	3	6	7
−7	−12+Δ	0		−18	−23	−28	—	−33	—	−40	—	−50	−64	−90	−130	1	2	3	3	7	9
								−39	−45	—	−60	−77	−108	−150							
−8	−15+Δ	0		−22	−28	−35	—	−41	−47	−54	−65	−73	−98	−136	−188	1.5	2	3	4	8	12
							−41	−48	−55	−64	−75	−88	−118	−160	−218						
−9	−17+Δ	0		−26	−34	−43	−48	−60	−68	−80	−94	−112	−148	−200	−274	1.5	3	4	5	9	14
							−54	−70	−81	−95	−114	−136	−180	−242	−325						
−11	−20+Δ	0	在大于7级的相应数值上增加一个Δ	−32	−41	−53	−66	−87	−102	−122	−144	−172	−226	−300	−400	2	3	5	6	11	16
					−43	−59	−75	−102	−120	−146	−174	−210	−274	−360	−480						
−13	−23+Δ	0		−37	−51	−71	−91	−124	−146	−178	−214	−258	−335	−445	−585	2	4	5	7	13	19
					−54	−79	−104	−144	−172	−210	−254	−310	−400	−525	−690						
−15	−27+Δ	0		−43	−63	−92	−122	−170	−202	−248	−300	−365	−470	−620	−800	3	4	6	7	15	23
					−65	−100	−134	−190	−228	−280	−340	−415	−535	−700	−900						
					−68	−108	−146	−210	−252	−310	−380	−465	−600	−770	−1000						
−17	−31+Δ	0		−50	−77	−122	−166	−236	−284	−350	−425	−520	−670	−880	−1150	3	4	6	9	17	26
					−80	−130	−180	−258	−310	−385	−470	−575	−740	−960	−1250						
					−84	−140	−196	−284	−340	−425	−520	−640	−820	−1050	−1350						
−20	−34+Δ	0		−56	−94	−158	−218	−315	−385	−475	−580	−710	−920	−1200	−1550	4	4	7	9	20	29
					−98	−170	−240	−350	−425	−525	−650	−790	−1000	−1300	−1700						
−21	−37+Δ	0		−62	−108	−190	−268	−390	−475	−590	−730	−900	−1150	−1500	−1900	4	5	7	11	21	32
					−114	−208	−294	−435	−530	−660	−820	−1000	−1300	−1650	−2100						
−23	−40+Δ	0		−68	−126	−232	−330	−490	−595	−740	−920	−1100	−1450	−1850	−2400	5	5	7	13	23	34
					−132	−252	−360	−540	−660	−820	−1000	−1250	−1600	−2100	−2600						

(6) 后压盖孔的极限尺寸：

由公式 $ES=D_{max}-D$ 得，$D_{max}=D+ES$，代入数据，$D_{max}=16+0.024=16.024(mm)$；

由公式 $EI=D_{min}-D$ 得，$D_{min}=D+EI$，代入数据，$D_{min}=16+0.006=16.006(mm)$。

丝杠轴的极限尺寸：

由公式 $es=d_{max}-d$ 得，$d_{max}=d+es$，代入数据，$d_{max}=16+0=16(mm)$；

由公式 $ei=d_{min}-d$ 得，$d_{min}=d+ei$，代入数据，$d_{min}=16-0.011=15.989(mm)$。

(7) 后压盖孔的尺寸公差：$T_h=ES-EI=D_{max}-D_{min}=0.018(mm)$。

丝杠轴的尺寸公差：$T_s=es-ei=d_{max}-d_{min}=0.011(mm)$。

(8) 后压盖孔的公差带图如图 1.3 所示。

丝杠轴的公差带图如图 1.4 所示。

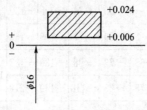
图 1.3　后压盖孔的公差带图

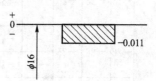
图 1.4　丝杠轴的公差带图

1.1.3　知识链接

1. 孔和轴

1) 孔

孔主要是指工件圆柱形的内表面，也包括其他非圆柱形内表面(两平行平面或两切面之间形成的包容区域)，如图 1.5(a)所示。

2) 轴

轴主要是指工件圆柱形的外表面，也包括其他非圆柱形外表面(两平行平面或两切面之间形成的被包容区域)，如图 1.5(b)所示。

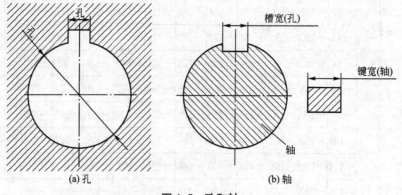

图 1.5　孔和轴

3) 孔和轴的判定

孔形成包容面，在它之内没有材料，加工时尺寸越加工越大；轴形成被包容面，在它之外没有材料，加工时尺寸越加工越小。

2. 尺寸的术语和定义

1) 尺寸

尺寸是指用特定单位表示线性尺寸值的数字。在机械制造中一般用毫米（mm）作为特定单位，通常不予标注。

尺寸由3个部分组成：尺寸数字、尺寸单位和尺寸形态。例如：一个尺寸标注为 $\phi25$，其尺寸数字是 25，尺寸单位是 mm，尺寸形态为直径 ϕ。

2) 基本尺寸

设计时给定的尺寸为基本尺寸。它是设计者根据零件的使用要求，通过对强度、刚度的计算及结构工艺设计或根据经验确定的尺寸。

基本尺寸一般按标准尺寸选取，它是确定尺寸公差值和尺寸偏差值的依据，可以是一个整数或一个小数值。例如：20，18，6.68，0.25，1.2 等。

孔的基本尺寸用 D 表示，轴的用 d 表示。

3) 实际尺寸

实际尺寸是零件加工后，通过测量所得到的尺寸。由于测量误差的存在，使得零件的实际尺寸并不是真实尺寸，而是真实尺寸的一个近似值。同时，由于零件加工时存在形状和位置上的误差，使得零件不同部位的实际尺寸也不是相同的。但通常我们会把测量尺寸作为零件的实际尺寸。

孔的实际尺寸用 D_a 表示，轴的实际尺寸用 d_a 表示。

例如：加工一个 $\phi25$mm 的轴，加工后测得的尺寸为 $\phi24.986$mm、$\phi25.010$mm，其均为实际尺寸，即 $d_{a1}=24.986$mm，$d_{a2}=25.010$mm。

4) 极限尺寸

极限尺寸是孔或轴允许尺寸变化的两个极端尺寸，其中最大的尺寸称为最大极限尺寸，最小的尺寸称为最小极限尺寸。

孔和轴的最大极限尺寸分别用 D_{max} 和 d_{max} 表示，最小极限尺寸分别用 D_{min} 和 d_{min} 表示。

例如：已知孔 $\phi25 \pm 0.01$，则该孔的极限尺寸分别为 $D_{max}=25.01$mm，$D_{min}=24.99$mm。

基本尺寸和极限尺寸是设计者在设计时事先给定的，而实际尺寸则是加工后通过测量得到的。因而，加工后零件的实际尺寸必须限制在两个极限尺寸所界定的范围内，即合格零件实际尺寸需要满足的条件为

$$D_{min} \leqslant D_a \leqslant D_{max}$$
$$d_{min} \leqslant d_a \leqslant d_{max}$$

3. 偏差及公差的术语和定义

1) 尺寸偏差

尺寸偏差是指某一尺寸减去基本尺寸所得的代数差，简称为偏差。其值可正、可负，也可为零，故尺寸偏差在计算和书写时，除零以外必须带有正负号。

尺寸偏差可分为实际偏差和极限偏差。

（1）实际偏差。实际偏差是指实际尺寸减去基本尺寸所得的代数差。孔的实际偏差用 E_a 表示，轴的实际偏差用 e_a 表示。即

$$E_a = D_a - D \tag{1-1}$$

$$e_a = d_a - d \tag{1-2}$$

例如：加工一个 $\phi 25$mm 的轴，加工后测得的尺寸为 $\phi 24.986$mm、$\phi 25.010$mm，即 $d_{a1} = 24.986$mm，$d_{a2} = 25.010$mm，所以 $e_{a1} = d_{a1} - d = 24.986 - 25 = -0.014$mm，$e_{a2} = d_{a2} - d = 25.010 - 25 = 0.010$mm。

(2) 极限偏差。极限偏差是指极限尺寸减去基本尺寸所得的代数差。因零件的极限尺寸有两个，故其极限偏差也对应着有两个，分别称为上偏差和下偏差。

① 上偏差是指最大极限尺寸减去基本尺寸所得的代数差。孔的上偏差用 ES 表示，轴的上偏差用 es 表示。即

$$ES = D_{max} - D \tag{1-3}$$
$$es = d_{max} - d \tag{1-4}$$

② 下偏差是指最小极限尺寸减去基本尺寸所得的代数差。孔的下偏差用 EI 表示，轴的下偏差用 ei 表示。即

$$EI = D_{min} - D \tag{1-5}$$
$$ei = d_{min} - d \tag{1-6}$$

合格零件的条件也可以用实际偏差和极限偏差来表示，即

$$ES \leqslant E_a \leqslant EI$$
$$es \leqslant e_a \leqslant ei$$

2) 尺寸公差

尺寸公差是指允许尺寸的变动量，简称公差。零件在加工过程中，不可避免地存在加工误差，但只要这个误差在尺寸允许的变动范围内，即在公差的范围内，加工的零件就依然是合格的。孔的尺寸公差用 T_h 表示，轴的尺寸公差用 T_s 表示。

尺寸公差的大小等于最大极限尺寸和最小极限尺寸的代数差的绝对值，也等于上偏差与下偏差的代数差的绝对值。即

$$T_h = |D_{max} - D_{min}| = |ES - EI| \tag{1-7}$$
$$T_s = |d_{max} - d_{min}| = |es - ei| \tag{1-8}$$

显然，公差永远为正值。

注意：偏差与公差是有区别的。偏差是代数值，可正可负，也可能为零；而公差是绝对值，没有正负之分，也不允许为零。

基本尺寸、极限尺寸、尺寸偏差及尺寸公差之间的关系如图 1.6 所示。

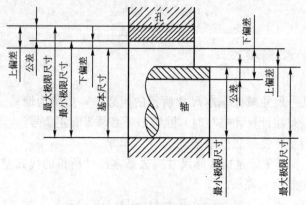

图 1.6　尺寸、偏差和公差之间的关系

【例1-1-1】 已知孔和轴的基本尺寸均为 $\phi 60\text{mm}$，孔的极限尺寸为 $D_{max}=60.020\text{mm}$，$D_{min}=60\text{mm}$；轴的极限尺寸为 $d_{max}=59.980\text{mm}$，$d_{min}=59.960\text{mm}$。试求：

(1) 孔和轴的极限偏差和公差。

(2) 若测得孔和轴的实际尺寸分别为 $D_a=60.010\text{mm}$，$d_a=59.970\text{mm}$，计算孔和轴的实际偏差。

解：(1) 孔的极限偏差：$\text{ES}=D_{max}-D=60.020-60=0.020(\text{mm})$

$$\text{EI}=D_{min}-D=60-60=0$$

轴的极限偏差：$\text{es}=d_{max}-d=59.980-60=-0.020(\text{mm})$

$$\text{ei}=d_{min}-d=59.960-60=-0.040(\text{mm})$$

孔的公差：$T_h=\text{ES}-\text{EI}=0.020-0=0.020(\text{mm})$

轴的公差：$T_s=\text{es}-\text{ei}=-0.020-(-0.040)=0.020(\text{mm})$

(2) 孔的实际偏差：$E_a=D_a-D=60.010-60=0.010(\text{mm})$

轴的实际偏差：$e_a=d_a-d=59.970-60=-0.030(\text{mm})$

4. 公差带图

为了直观地表示出相互结合的孔和轴的尺寸、极限偏差及公差之间的关系，通常用图解的方法来表示，这个图解就是公差带示意图，简称公差带图。

公差带图由零线和公差带两个部分组成，如图1.7所示。

1) 零线

在公差带图中，用于确定偏差的一条基准直线，称为零线。通常零线沿水平方向绘制，用于表示基本尺寸的位置，其上方表示正偏差，下方表示负偏差。绘制时，在零线的左端标注上相应的符号"+""0""-"号，其左下方画上带箭头的尺寸线，并标注上基本尺寸的数值，如图1.7所示。

2) 公差带

在公差带图中，由代表上偏差和下偏差的两条直线所确定的区域称为尺寸公差带，简称公差带。通常孔的公差带用斜线填充，轴的公差带用与孔相反的斜线填充或是用黑点填充，如图1.7所示。

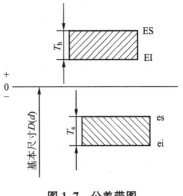

图1.7 公差带图

国标中，公差带大小和公差带位置是公差带的两个重要参数。公差带的大小取决于公差数值，由垂直零线方向的宽度确定；公差带的位置取决于极限偏差的大小，由靠近零线的极限偏差（基本偏差）确定，其极限偏差用平行于零线的两条直线表示，沿零线方向的长度可以任意选取。

在公差带图中，尺寸的单位为毫米(mm)，偏差及公差的单位可用毫米(mm)表示，也可用微米(μm)表示，通常省略不写。

3) 公差带图的绘制

在绘制公差带图时，可按如下步骤进行。

(1) 绘制水平零线，并在其左端标注上相应的符号"+""0""-"号。

(2) 在零线的左下方画上带箭头的尺寸线，并标注上基本尺寸的数值。

(3) 绘制表示上、下偏差的两条平行零线的直线，长度自定。
(4) 补齐在垂直零线方向上的两条线段，形成一矩形。
(5) 标注上、下偏差的数值，打上斜线或黑点。

【例 1-1-2】 已知孔的基本尺寸为 $\phi25$mm，最大极限尺寸 $D_{max}=25.021$mm，最小极限尺寸 $D_{min}=25$mm。计算出孔的极限偏差和公差，绘制公差带图。

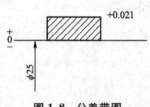

图 1.8 公差带图

解：
孔的极限偏差：$ES=D_{max}-D=25.021-25=0.021$(mm)
$EI=D_{min}-D=25-25=0$
孔的公差：$T_h=ES-EI=0.021-0=0.021$(mm)
或 $T_h=D_{max}-D_{min}=25.021-25=0.021$(mm)
公差带图如图 1.8 所示。

5. 公差和偏差的国家规定

国家标准（GB/T 1800.1—2009）《极限与配合 第 1 部分：公差、偏差和配合的基础》中，规定了两个基本系列：标准公差系列和基本偏差系列。

在机械制造业中，常用尺寸是指基本尺寸≤500mm 的尺寸，该尺寸段在生产实践中应用最为广泛。本书只对该尺寸段进行介绍。

1) 标准公差系列

标准公差系列是由国家标准制定的一系列由不同的基本尺寸和公差等级组成的标准公差数值。标准公差数值可用来确定任一标准公差数值的大小，也就是确定公差带的大小（宽度）。

(1) 标准公差等级。标准公差等级是指确定尺寸精确程度的等级。

GB/T 1800.1—2009 在基本尺寸不超过 500mm 内规定了 20 个标准公差等级，用符号 IT 和阿拉伯数字表示，IT 表示公差，阿拉伯数字表示公差等级。20 个标准公差等级的代号分别为 IT01、IT0、IT1、IT2、…、IT18 级，其中 IT01 级精确程度最高，IT18 级精确程度最低。例如：IT6 比 IT8 的公差等级小 2 级，但是 IT6 比 IT8 的精度却高 2 级。

(2) 标准公差数值。GB/T 1800.1—2009 规定了基本尺寸不超过 500mm 的标准公差数值表，见表 1-1。通过分析标准公差数值表，可以得出如下规律。

① 同一尺寸段内的所有基本尺寸具有同一公差数值，不同尺寸段的尺寸有不同的公差数值。

② 同一公差等级对应不同的尺寸段有不同的公差值，且公差数值随着尺寸的增大而增大。

③ 同一尺寸段对应不同的公差等级有着不同的公差数值，公差数值随着公差等级的增大而增大，所以标公差值与公差等级有关。

在实际应用中，只要知道基本尺寸，选定了公差等级，就可用查表法确定出公差数值，具体步骤如下。

① 根据基本尺寸找到所在的尺寸段横行。
② 根据公差等级找到 IT 所在竖列。
③ 竖列与横行的交叉点数值即为所查的公差数值。

【例 1-1-3】 查出下列各尺寸的标准公差数值。

(1) 基本尺寸 67mm，公差等级为 8 级的标准公差数值。
(2) 基本尺寸 50mm，公差等级为 12 级的标准公差数值。
(3) 基本尺寸 85mm，公差等级为 4 级的标准公差数值。
(4) 基本尺寸 180mm，公差等级为 10 级的标准公差数值。

解：

基本尺寸	公差等级	公差数值	单　位
67	8	46	μm
50	12	0.25	mm
85	4	10	μm
180	10	160	μm

2）基本偏差系列

(1) 基本偏差。基本偏差是指国家标准用以确定公差带相对于零线位置的极限偏差（上偏差或下偏差中的一个），通常指靠近零线的那个偏差，如图 1.9 所示。

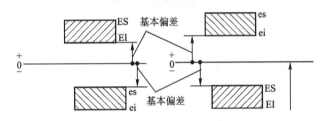

图 1.9　基本偏差图

由图 1.9 可知：公差带处于零线上方的，下偏差为基本偏差；公差带处于零线下方的，上偏差为基本偏差。

(2) 基本偏差代号。通过对基本偏差的标准化、系列化，可以实现公差带位置的标准化，从而进一步实现配合的标准化与系列化。GB/T 1800.2—2009 规定了孔和轴各有 28 种公差带的位置，分别由 28 个基本偏差来确定，并且分别由 28 个基本偏差代号来表示。

基本偏差代号用拉丁字母表示，孔用大写字母，轴用小写字母。在 26 个拉丁字母中，去掉容易与其他参数混淆的 5 个字母：I、L、O、Q、W(i、l、o、q、w)，同时增加 7 个双写的字母：CD、EF、FG、JS、ZA、ZB、ZC(cd、ef、fg、js、za、zb、zc)，共 28 个基本偏差。

(3) 基本偏差系列图及分布规律。28 个基本偏差形成了基本偏差系列，如图 1.10 所示。

从图 1.10 中可以看出，在基本偏差系列图中，仅画出了公差带的一端，即只给出了一个极限偏差（基本偏差），而公差带的另一端并未绘出，即另一个极限偏差并未给出，这是因为另一端表示公差带的延伸方向，其确切位置取决于标准公差数值的大小。

分析基本偏差系列图，其具有如下分布规律。

① 孔的基本偏差分布规律。

a. A~H 的公差带处于零线上方，基本偏差为下偏差 EI，且离零线越来越近，即基本偏差的绝对值越来越小。

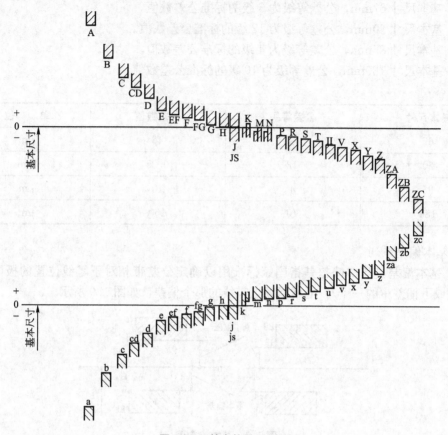

图 1.10 基本偏差系列图

b. 只有 H 的基本偏差 EI＝0。

c. J～ZC 公差带大部分处于零线下方，基本偏差为上偏差 ES，且离零线越来越远，即基本偏差的绝对值越来越大。

② 轴的基本偏差分布规律。

a. a～h 的公差带处于零线下方，基本偏差为上偏差 es，且离零线越来越近，即基本偏差的绝对值越来越小。

b. 只有 h 的基本偏差 es＝0。

c. j～zc 公差带大部分处于零线上方，基本偏差为下偏差 ei，且离零线越来越远，即基本偏差的绝对值越来越大。

（4）基本偏差数值。国家标准已经列出了轴和孔的基本偏差数值表，在实际应用中可查表确定其数值，见表 1-2 和表 1-3。

在实际应用中，只要知道基本尺寸和基本偏差代号及公差等级，就可用查表法确定出基本偏差的数值，具体步骤如下所述。

① 根据基本尺寸找到所在的尺寸段横行。

② 根据基本偏差代号和公差等级读取基本偏差的名称并找到其所在竖列。

③ 竖列与横行的交叉点数值即为基本偏差的数值。

【例1-1-4】 查表确定$\phi25f9$和$\phi60M8$的极限偏差。

解：(1) $\phi25f9$：查表1-2，$es=-20\mu m$；查表1-1，$T_s=52\mu m$；由公式$T_s=es-ei$得，$ei=es-T_s$，代入数据，得$ei=-20-52=-72(\mu m)$；即$\phi25f9=\phi25_{-0.072}^{-0.020}$mm。

(2) $\phi60M8$：查表1-3，$ES=-11+\Delta=-11+16=5(\mu m)$；查表1-1，$T_h=46\mu m$；由公式$T_h=ES-EI$得，$EI=ES-T_h$，代入数据，得$EI=5-46=-41(\mu m)$；即$\phi60M8=\phi60_{-0.041}^{+0.005}$mm。

1.1.4 实训项目

1. 实训目的

(1) 掌握基本尺寸、偏差、公差有关术语。
(2) 掌握极限尺寸、极限偏差、公差的计算，明确它们之间的关系。
(3) 掌握绘制孔、轴公差带图的基本方法。
(4) 会查取标准公差数值表和基本偏差表。

2. 实训内容

识读图1.11所示的手轮零件尺寸公差标注，完成以下实训内容。
(1) 指出手轮孔的基本尺寸和公差等级。
(2) 确定手轮孔的标准公差数值。
(3) 确定手轮孔的极限偏差和极限尺寸。
(4) 计算手轮孔的尺寸公差并画出公差带图。
(5) 在图1.11中，以不同的形式标注手轮孔的尺寸公差代号。

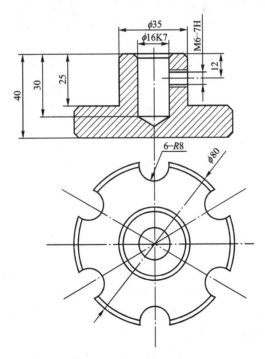

图1.11 手轮孔零件图

任务1.2 识读装配图上的配合标注

1.2.1 任务描述

识读图1.12所示装配图,完成以下任务。
(1) 读取后压盖孔与丝杠轴的配合代号,并画出配合的公差带图。
(2) 判断后压盖孔与丝杠轴的配合类型。
(3) 计算配合的极限间隙或极限过盈及配合公差。
(4) 指出后压盖孔与丝杠轴配合的基准制是什么。
(5) 判断后压盖孔与丝杠轴的配合属于国标中规定的哪种配合。

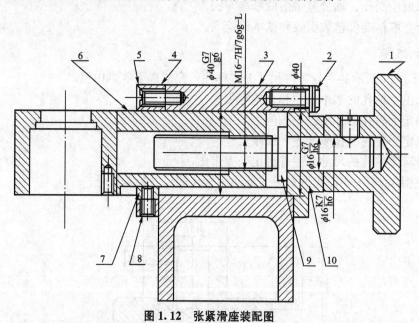

图1.12 张紧滑座装配图
1—手轮;2—螺栓;3—滑座;4—前压盖;5、8—沉头螺栓;6—滑套;
7—键;9—丝杠;10—后压盖

1.2.2 任务实施

(1) 图1.12中,后压盖孔与丝杠轴的配合代号为 $\phi 16 \dfrac{G7}{h6}$。

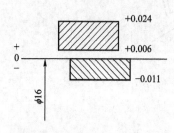

图1.13 配合的公差带图

由任务1知,后压盖孔的极限偏差为:ES=0.024mm,EI=0.006mm;丝杠轴的极限偏差为:es=0,ei=−0.011mm;后压盖孔与丝杠轴配合的公差带图如图1.13所示。

(2) 由图1.13可知,孔的公差带在轴的公差带的上方,所以后压盖孔与丝杠轴的配合属于间隙配合。

(3) 后压盖孔与丝杠轴配合的极限间隙:

$$X_{\max}=\text{ES}-\text{ei}=0.024-(-0.011)=0.035(\text{mm})$$
$$X_{\min}=\text{EI}-\text{es}=0.006-0=0.006(\text{mm})$$

配合公差：
$$T_f=X_{\max}-X_{\min}=0.035-0.006=0.029(\text{mm})$$

(4) 由后压盖孔与丝杠轴配合代号 $\phi 16\dfrac{G7}{h6}$ 知，代号中有"h"，故其配合选用的是基轴制。

(5) 查表 1-5，$\phi 16\dfrac{G7}{h6}$ 的配合属于国家标准规定的优先选用的配合。

1.2.3 知识链接

1. 公差带与配合的标注

1) 公差带的标注

(1) 公差带代号。孔和轴的公差带代号由基本偏差代号和公差等级数字两部分组成。例如：D7、F7、H8 等为孔的公差带代号，h7、f6、n9 等为轴的公差带代号。

(2) 公差带的标注方法。公差带常用的标注方法有以下 3 种。

① 在基本尺寸后面注出所要求的公差带代号，如 $\phi 18H7$、$\phi 80m9$、$\phi 100H5$，如图 1.14(a)所示。

② 在基本尺寸后面注出所要求的公差带对应的极限偏差值，如 $\phi 18^{+0.029}_{+0.018}$，如图 1.14(b)所示。

③ 在基本尺寸后面注出所要求的公差带代号和对应的极限偏差值，如 $\phi 14h7(^{\ 0}_{-0.018})$，如图 1.14(c)所示。

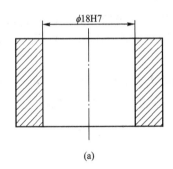
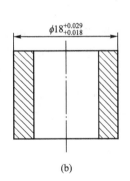
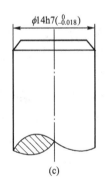

图 1.14 公差带的标注方法

2) 配合的标注

当孔和轴组成配合时，图样上就应标注配合代号。

配合代号由孔和轴的公差带代号组成，写成分数形式，分子为孔的公差带代号，分母为轴的公差带代号。在图样上配合代号标注在基本尺寸后面。例如 $\phi 25H7$ 的孔与 $\phi 25s6$ 的轴形成的配合标注为：$\phi 25H7/s6$ 或 $\phi 25\dfrac{H7}{s6}$，如图 1.15 所示。

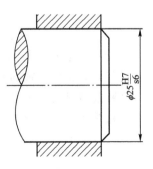

图 1.15 配合的标注方法

2. 配合

1) 配合的定义

配合是指基本尺寸相同的相互结合的孔、轴公差带之间的关系。由定义可知，形成配合的前提条件是孔和轴的基本尺寸必须相同。配合决定了结合零件间的松紧程度。

2) 配合的类型

根据组成配合的孔、轴的公差带位置不同，标准规定配合分为间隙配合、过渡配合和过盈配合 3 种。

(1) 间隙配合。当孔的尺寸减去相配合轴的尺寸所得的代数差为正值时，称其为间隙，用符号 X 表示。我们把具有间隙的配合(包括最小间隙为零的情况)称为间隙配合。此时，孔的公差带位于轴的公差带上方，如图 1.16 所示。

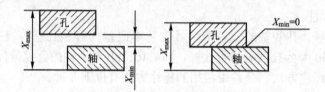

图 1.16　间隙配合

由于孔和轴都有公差，所以实际间隙的大小随着孔和轴的实际尺寸的变化而变化。当孔为最大极限尺寸，轴为最小极限尺寸时，装配后得到最大间隙(X_{max})；反之，得到最小间隙(X_{min})。即

$$X_{max} = D_{max} - d_{min} = ES - ei \tag{1-9}$$

$$X_{min} = D_{min} - d_{max} = EI - es \tag{1-10}$$

间隙配合主要用于孔和轴间的活动连接。间隙的作用在于储藏润滑油、补偿温度变化引起的热变形、补偿弹性变形及制造和安装误差等。间隙的大小影响孔、轴间相对运动的活动程度。

【例 1-2-1】 某孔与轴相互配合，已知孔的最大极限尺寸 $D_{max}=30.040$ mm，最小极限尺寸 $D_{min}=30$ mm；轴的最大极限尺寸 $d_{max}=29.980$ mm，最小极限尺寸 $d_{min}=29.940$ mm。求极限间隙。

解：代入式(1-9)、式(1-10)得

$$X_{max} = D_{max} - d_{min} = 30.040 - 29.940 = 0.100 \text{(mm)}$$

$$X_{min} = D_{min} - d_{max} = 30 - 29.980 = 0.020 \text{(mm)}$$

(2) 过盈配合。当孔的尺寸减去相配合轴的尺寸所得的代数差为负值时，称其为过盈，用符号 Y 表示。我们把具有过盈的配合(包括最小过盈为零的情况)称为过盈配合。此时，孔的公差带位于轴的公差带下方，如图 1.17 所示。

实际过盈量的大小也随着孔和轴的实际尺寸的变化而变化。当孔为最小极限尺寸，轴为最大极限尺寸时，装配后得到最大过盈(Y_{max})；反之，得到最小过盈(Y_{min})。即

$$Y_{max} = D_{min} - d_{max} = EI - es \tag{1-11}$$

$$Y_{min} = D_{max} - d_{min} = ES - ei \tag{1-12}$$

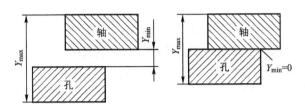

图 1.17 过盈配合

过盈配合用于孔、轴间的紧固连接，不允许两者之间有相对运动。在过盈配合中，轴的尺寸比孔的尺寸大，装配时需要加压才能使轴进入孔中，也可采用热胀冷缩的方法进行装配。采用过盈配合，不用另加紧固件，依靠孔、轴表面在结合时的变形，即可实现紧固连接并承受一定的轴向推力和圆周扭矩。

【例1-2-2】 某孔与轴相互配合，已知孔的最大极限尺寸 $D_{max}=60.030$ mm，最小极限尺寸 $D_{min}=60$ mm；轴的最大极限尺寸 $d_{max}=60.060$ mm，最小极限尺寸 $d_{min}=60.040$ mm。求极限过盈。

解： 代入式(1-11)、式(1-12)得

$$Y_{max}=D_{min}-d_{max}=60-60.060=-0.060 \text{(mm)}$$

$$Y_{min}=D_{max}-d_{min}=60.030-60.040=-0.010 \text{(mm)}$$

(3) 过渡配合。可能具有间隙也可能具有过盈的配合称为过渡配合。此时，孔的公差带和轴的公差带相互交叠，如图1.18所示。

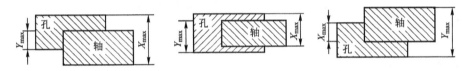

图 1.18 过渡配合

当孔为最大极限尺寸，轴为最小极限尺寸时，装配后得到最大间隙(X_{max})；当孔为最小极限尺寸，轴为最大极限尺寸时，装配后得到最大过盈(Y_{max})。即

$$X_{max}=D_{max}-d_{min}=ES-ei \tag{1-13}$$

$$Y_{max}=D_{min}-d_{max}=EI-es \tag{1-14}$$

过渡配合主要用于孔、轴间的定位连接。标准中规定，过渡配合的间隙或过盈的绝对值一般都较小，故可以保证结合零件有很好的对中性和同轴度，并便于拆卸和装配。

【例1-2-3】 某孔与轴相互配合，已知孔的最大极限尺寸 $D_{max}=90.020$ mm，最小极限尺寸 $D_{min}=90$ mm；轴的最大极限尺寸 $d_{max}=90.050$ mm，最小极限尺寸 $d_{min}=90.010$ mm。求极限间隙和极限过盈。

解： 代入式(1-13)、式(1-14)得

$$X_{max}=D_{max}-d_{min}=90.020-90.010=0.010 \text{(mm)}$$

$$Y_{max}=D_{min}-d_{max}=90-90.050=-0.050 \text{(mm)}$$

3) 配合公差

配合公差是指允许间隙或过盈的变动量。它反映配合的松紧程度，其值为一个大于零的正数。配合公差用符号 T_f 表示。在间隙、过盈和过渡3种配合中，配合公差的大小计算

公式为

$$间隙配合：T_f = |X_{max} - X_{min}| \quad (1-15)$$
$$过盈配合：T_f = |Y_{min} - Y_{max}| \quad (1-16)$$
$$过渡配合：T_f = |X_{max} - Y_{max}| \quad (1-17)$$

将式(1-9)~式(1-14)代入上面3个公式中，化简整理得到相同的配合公差公式：

$$T_f = T_h + T_s \quad (1-18)$$

从式(1-18)中可以看出，配合的装配精度和零件的加工精度密切相关。若要提高装配精度，使配合后的间隙或过盈范围减小，则应减小零件的公差，即需要提高零件的加工精度。

【例1-2-4】 计算出【例1-2-1】中孔、轴的公差及配合公差。

解： 孔、轴公差：

$$T_h = D_{max} - D_{min} = 30.040 - 30 = 0.04 (mm)$$
$$T_s = d_{max} - d_{min} = 29.980 - 29.940 = 0.04 (mm)$$

配合公差：

$$T_f = T_h + T_s = 0.04 + 0.04 = 0.08 (mm)$$

【例1-2-5】 已知基本尺寸为 $\phi 80$mm 的孔和轴配合，$T_f = 0.049$mm，$X_{max} = 0.028$mm，$Y_{max} = -0.021$mm，$T_s = 0.019$mm，es$=0$。求出孔和轴的极限偏差，画出公差带图，并说明配合性质。

解： 由公式 $T_s = $ es $-$ ei，得

$$ei = es - T_s = 0 - 0.019 = -0.019 (mm)$$

由公式 $X_{max} = $ ES $-$ ei，得

$$ES = X_{max} + ei = 0.028 + (-0.019) = 0.009 (mm)$$

由公式 $Y_{max} = $ EI $-$ es，得

$$EI = Y_{max} + es = -0.021 + 0 = -0.021 (mm)$$

公差带图如1.19所示。由公差带图知，孔和轴的公差带图相互交叠，故该孔轴配合为过渡配合。

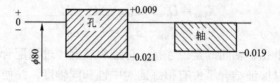

图1.19 公差带图

3. 基准制

由前述3种配合的公差带图可知，改变孔、轴公差带的相对位置，可以组成不同性质、不同松紧的配合。但是为了简化起见，无需将孔、轴公差带同时变动，以其中的一个为基准件，并选定公差带，而改变另一个(非基准件)的公差带位置，从而形成各种配合的一种制度，称为基准制。

国家标准 GB/T 1800.1—2009 规定了两种基准制：基孔制与基轴制。

1) 基孔制

基孔制是指基本偏差为一定的孔的公差带与不同基本偏差的轴的公差带形成各种配合的一种制度，如图1.20(a)所示。

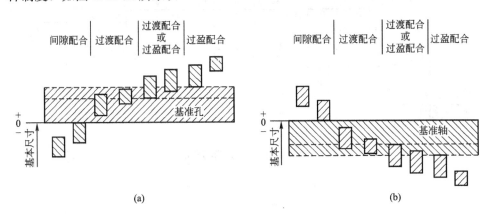

图 1.20　基孔制和基轴制配合公差带

国家标准规定，基孔制中的孔为基准孔，用基本偏差 H 表示，它是配合的基准件，而轴为非基准件。基准孔的基本偏差是下偏差，且等于零，即 EI＝0，上偏差为正，其公差带位于零线上方。

2) 基轴制

基轴制是指基本偏差为一定的轴的公差带与不同基本偏差的孔的公差带形成各种配合的一种制度，如图1.20(b)所示。

国家标准规定，基轴制中的轴为基准轴，用基本偏差 h 表示，它是配合的基准件，而孔为非基准件。基准轴的基本偏差是上偏差，且等于零，即 es＝0，下偏差为负，其公差带位于零线下方。

由图1.20可见，在基孔制中，随着轴的公差带位置的不同，可以形成间隙、过渡、过盈3种不同性质的配合；在基轴制中，随着孔的公差带的位置的不同，同样也可以形成这3种配合。图中虚线表示公差带的大小是随公差等级的不同而变化的。

4. 公差带与配合的国家规定

国家标准规定了20种公差等级和28种基本偏差，原则上允许其任意组合，形成各种公差带。若不加以限制，随意选取这些公差带组成配合，将不利于生产和管理。为了简化标准和使用方便，根据实际需要规定了优先、常用和一般用途的孔、轴公差带，从而有利于生产和减少刀具、量具的规格、数量，便于技术工作。

1) 国标规定的公差带

国家标准对常用尺寸段(基本尺寸≤500mm)的孔、轴规定了优先、常用和一般用途公差带。

轴用公差带共116种，如图1.21所示。图中方框内的59种为常用公差带，圆圈内的13种为优先公差带。

孔用公差带共105种，如图1.22所示。图中方框内的44种为常用公差带，圆圈内的13种为优先公差带。

选用公差带时，应按优先、常用、一般公差带的顺序选用。若一般公差带中没有满足要求的公差带，则按国家规定的标准公差等级和基本偏差组成的公差带来选取。

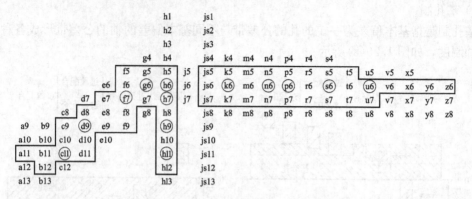

图 1.21 一般、常用和优先的轴的公差带

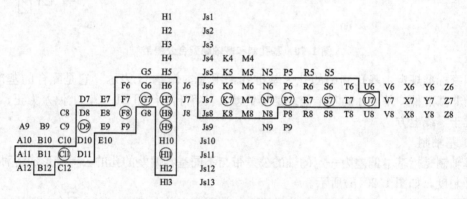

图 1.22 一般、常用和优先的孔的公差带

2) 国标规定的配合

对于配合,国标规定基孔制常用配合 59 种,优先配合 13 种,见表 1-4;基轴制常用配合 47 种,优先配合 13 种,见表 1-5。

表 1-4 基孔制优先和常用配合(摘自 GB/T 1801—2009)

基准孔	轴																			
	a	b	c	d	e	f	g	h	js	k	m	n	p	r	s	t	u	v	x	y	z
	间隙配合								过渡配合				过盈配合							
H6						$\frac{H6}{f5}$	$\frac{H6}{g5}$	$\frac{H6}{h5}$	$\frac{H6}{js5}$	$\frac{H6}{k5}$	$\frac{H6}{m5}$	$\frac{H6}{n5}$	$\frac{H6}{p5}$	$\frac{H6}{r5}$	$\frac{H6}{s5}$	$\frac{H6}{t5}$					
H7						$\frac{H7}{f6}$	$\frac{H7}{g6}$	$\frac{H7}{h6}$	$\frac{H7}{js6}$	$\frac{H7}{k6}$	$\frac{H7}{m6}$	$\frac{H7}{n6}$	$\frac{H7}{p6}$	$\frac{H7}{r6}$	$\frac{H7}{s6}$	$\frac{H7}{t6}$	$\frac{H7}{u6}$	$\frac{H7}{v6}$	$\frac{H7}{x6}$	$\frac{H7}{y6}$	$\frac{H7}{z6}$
H8					$\frac{H8}{e7}$	$\frac{H8}{f7}$	$\frac{H8}{g7}$	$\frac{H8}{h7}$	$\frac{H8}{js7}$	$\frac{H8}{k7}$	$\frac{H8}{m7}$	$\frac{H8}{n7}$	$\frac{H8}{p7}$	$\frac{H8}{r7}$	$\frac{H8}{s7}$	$\frac{H8}{t7}$	$\frac{H8}{u7}$				
				$\frac{H8}{d8}$	$\frac{H8}{e8}$	$\frac{H8}{f8}$		$\frac{H8}{h8}$													

项目1 孔和轴的公差与配合

(续)

基准孔	轴																				
	a	b	c	d	e	f	g	h	js	k	m	n	p	r	s	t	u	v	x	y	z
	间隙配合								过渡配合				过盈配合								
H9			$\frac{H9}{c9}$	$\frac{H9}{d9}$	$\frac{H9}{e9}$	$\frac{H9}{f9}$		$\frac{H9}{h9}$													
H10			$\frac{H10}{c10}$	$\frac{H10}{d10}$				$\frac{H10}{h10}$													
H11	$\frac{H11}{a11}$	$\frac{H11}{b11}$	$\frac{H11}{c11}$	$\frac{H11}{d11}$				$\frac{H11}{h11}$													
H12		$\frac{H12}{b12}$						$\frac{H12}{h12}$													

注：1. H6/n5、H7/p6 在基本尺寸≤3mm 和≤100mm 时，为过渡配合；
2. 标注"▼"的配合为优先配合。

表 1-5　基轴制优先和常用配合(摘自 GB/T 1801—2009)

基准轴	孔																				
	A	B	C	D	E	F	G	H	JS	K	M	N	P	R	S	T	U	V	X	Y	Z
	间隙配合								过渡配合				过盈配合								
h5						$\frac{F6}{h5}$	$\frac{G6}{h5}$	$\frac{H6}{h5}$	$\frac{JS6}{h5}$	$\frac{K6}{h5}$	$\frac{M6}{h5}$	$\frac{N6}{h5}$	$\frac{P6}{h5}$	$\frac{R6}{h5}$	$\frac{S6}{h5}$	$\frac{T6}{h5}$					
h6						$\frac{F7}{h6}$	$\frac{G7}{h6}$	$\frac{H7}{h6}$	$\frac{JS7}{h6}$	$\frac{K7}{h6}$	$\frac{M7}{h6}$	$\frac{N7}{h6}$	$\frac{P7}{h6}$	$\frac{R7}{h6}$	$\frac{S7}{h6}$	$\frac{T7}{h6}$	$\frac{U7}{h6}$				
h7					$\frac{E8}{h7}$	$\frac{F8}{h7}$		$\frac{H8}{h7}$	$\frac{JS8}{h7}$	$\frac{K8}{h7}$	$\frac{M8}{h7}$	$\frac{N8}{h7}$									
h8				$\frac{D8}{h8}$	$\frac{E8}{h8}$	$\frac{F8}{h8}$		$\frac{H8}{h8}$													
h9				$\frac{D9}{h9}$	$\frac{E9}{h9}$	$\frac{F9}{h9}$		$\frac{H9}{h9}$													
h10				$\frac{D10}{h10}$				$\frac{H10}{h10}$													
h11	$\frac{A11}{h11}$	$\frac{B11}{h11}$	$\frac{C11}{h11}$	$\frac{D11}{h11}$				$\frac{H11}{h11}$													
h12		$\frac{B12}{h12}$						$\frac{H12}{h12}$													

注：标注"▼"的配合为优先配合。

从表1-4和表1-5中可以看出,加工工艺等价原则在这里反映出的经济性:孔、轴公差等级以IT8为界,低于或等于IT8级的孔与轴采用同级配合,但高于IT8级的轴必须与低一级的孔配合。

5. 线性尺寸的未注公差

1) 未注公差的概念

未注公差(也叫一般公差)是指在车间普通工艺条件下,机床设备一般加工能力可保证的公差。在正常维护和操作情况下,它代表经济加工精度,主要用于较低精度的非配合尺寸。

2) 未注公差的国家标准

国家标准对线性尺寸的未注公差规定了4个等级。这4个等级分别为:f(精密级)、m(中等级)、c(粗糙级)和v(最粗级)。其线性尺寸未注公差的极限偏差数值见表1-6;倒圆半径与倒角高度尺寸的极限偏差的数值见表1-7。

表1-6 线性尺寸的未注极限偏差的数值(摘自 GB/T 1804—2000) (单位:mm)

公差等级	基本尺寸分段							
	0.5~3	>3~6	>6~30	>30~120	>120~400	>400~1000	>1000~20000	>2000~4000
f(精密级)	±0.05	±0.05	±0.1	±0.15	±0.2	±0.3	±0.5	—
m(中等级)	±0.1	±0.1	±0.2	±0.3	±0.5	±0.8	±1.2	±2
c(粗糙级)	±0.2	±0.3	±0.5	±0.8	±1.2	±2	±3	±4
v(最粗级)	—	±0.5	±1	±1.5	±2.5	±4	±6	±8

表1-7 倒圆半径与倒角高度尺寸的极限偏差数值(GB/T 1804—2000) (单位:mm)

公差等级	基本尺寸分段			
	0.5~3	>3~6	>6~30	>30
f(精密级)	±0.2	±0.5	±1	±2
m(中等级)				
c(粗糙级)	±0.4	±1	±2	±4
v(最粗级)				

由表1-6和表1-7可知,不论孔、轴还是长度尺寸,其极限偏差数值全部采用对称偏差值。

3) 未注公差的表示方法

未注公差在图样上只标注基本尺寸,不标注基本偏差,但应在图样标题栏附近或技术要求、技术文件中用国家标准和公差等级代号注出。

例如:选用中等级时,标注为 GB/T 1804—m。

未注公差的线性尺寸是在车间加工精度保证的情况下加工出来的,一般可以不用检验其公差。

1.2.4 实训项目

1. 实训目的

(1) 掌握配合有关术语及配合的类型。
(2) 掌握判断配合类型和基准制的方法。
(3) 掌握极限间隙或极限过盈、配合公差的计算方法,明确它们之间的关系。
(4) 进一步掌握绘制公差带图的基本方法。
(5) 进一步熟悉配合标注的应用。

2. 实训内容

识读图 1.12 所示的装配图,完成以下实训内容。
(1) 读取手轮孔与丝杠轴的配合代号。
(2) 判断手轮孔与丝杠轴的配合类型。
(3) 计算配合的极限间隙或极限过盈及配合公差。
(4) 指出手轮孔与丝杠轴配合的基准制。
(5) 指出手轮孔与丝杠轴的配合是否是国家优先选用的配合,组成配合的公差带是否是优先选用的公差带。

任务 1.3 尺寸公差及配合的设计

1.3.1 任务描述

设计图 1.12 所示装配图中的滑套外圆柱面与滑座孔的尺寸公差及配合,完成以下任务。
(1) 确定滑套外圆柱面与滑座孔配合的基准制。
(2) 确定滑套外圆柱面与滑座孔配合的公差等级。
(3) 确定滑套外圆柱面与滑座孔的配合。
(4) 将配合代号标注在图 1.12 中。

1.3.2 任务实施

1. 确定基准制

根据基准制的选择原则,滑套外圆柱面与滑座孔的配合不属于基轴制的情况,也无特殊要求,故优先选用基孔制配合,所以滑座孔 $\phi 40$mm 的基本偏差代号为 H。

2. 确定滑套外圆柱面与滑座孔公差等级

滑套外圆柱面与滑座孔的公差等级选择采用类比的方法。参考表 1-8、表 1-9、表 1-10 及表 1-11,考虑遵守工艺等价的原则,滑套外圆柱面的公差等级可选择 IT6 级,滑座孔的公差等级可选择 IT7 级。

3. 确定滑套外圆柱面与滑座孔的配合

滑套要求能在滑座孔中沿轴向移动，并且移动时滑套和滑座都不能晃动，否则，影响工作精度；另外，滑套移动速度较低，又无转动。

查表 1-12，选择滑套外圆柱面的基本偏差代号为 h 或 g 等小间隙配合；参考表 1-13 及表 1-14，选择滑套外圆柱面的基本偏差代号为 g，故滑套外圆柱面与滑座孔的配合为 $\phi 40H7/g6$。

4. 配合代号标注

将配合代号 $\phi 40H7/g6$ 标注在图 1.12 上。

1.3.3 知识链接

公差与配合的选择在机械产品的设计与制造中非常重要，它直接影响着机械产品的使用性能和加工成本。在设计过程中，孔、轴公差与配合的选择主要包括以下 3 个方面。

(1) 基准制的选择。
(2) 公差等级的选择。
(3) 配合种类的选择。

公差与配合在选择时应遵守在满足使用要求的前提下，力求最大的技术经济效益的原则。

1. 基准制的选择

国家标准规定了两种基准制，即基孔制和基轴制。设计人员可以通过国家标准规定的基孔制和基轴制来实现各种配合。在一般情况下，无论选择基孔制配合还是基轴制配合，均可满足同样的使用要求。所以基准制的选择主要从生产工艺的经济性和结构的合理性等方面综合考虑，一般原则如下所述。

1) 优先选用基孔制

从零件的加工工艺方面考虑，孔通常用钻头、铰刀等定值刀具加工，用极限量规检验。如果孔的公差带位置固定，即采用基孔制，则可减少定值刀具和量具的规格和数量，从而获得显著的经济效益，也有利于刀具、量具的标准化和系列化，并且轴类零件的加工和测量比较方便，因此应优先选用基孔制。

2) 基轴制的选用

(1) 冷拉棒材不经切削加工直接做轴时选择基轴制。

由于冷拉棒材的规格已标准化，其表面精度可达 IT7～IT9，尺寸、形状相当准确。以它为基准轴，可以免去外圆的切削加工，只要按照不同的配合性质来加工孔，即可实现技术与经济的最佳效果。

(2) 在同一基本尺寸的轴上与几个孔配合，且有不同配合性质时，应采用基轴制配合。

图 1.23(a)所示为发动机活塞销轴同时与活塞孔和连杆衬套进行配合。根据工作要求，活塞销轴与连杆衬套间应采用间隙配合；活塞销轴与活塞孔间的配合应紧些，应采用过渡配合。同一轴需要在不同的位置与 3 个孔形成不同松紧的配合，若采用基轴制配合，轴为光轴，既方便加工，也有利于装配；若采用基孔制配合，轴为阶梯轴，且两头大中间小，既不便加工，也不便装配，如图 1.23(b)所示。故这种情况下采用基轴制比较有利。

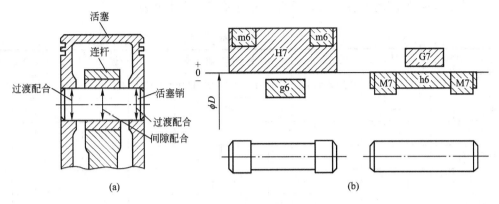

图 1.23 基准制选择示例一

(3) 与标准件配合时，应以标准件为基准件来确定基准制。

如图 1.24 所示，滚动轴承是标准件，滚动轴承内圈与轴颈的配合应选用基孔制配合，而滚动轴承外圈与壳体孔的配合应选用基轴制配合。

(4) 为了满足配合的特殊需要，允许采用任一孔、轴公差带组成非基准制配合。

如图 1.24 所示，轴承盖与轴承座内孔之间的配合，为拆卸方便，可采用间隙配合，选用 $\phi52J7/f9$ 的配合，属于任意孔、轴公差带组成的配合。

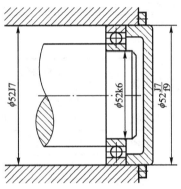

图 1.24 基准选择示例二

2. 公差等级的选用

为了保证配合精度，对配合的尺寸选取适当的公差等级极为重要。公差等级的高低直接影响产品的使用性能和加工成本。若公差等级过低，将不能满足产品使用性能和保证产品质量；若公差等级过高，将会增加产品的生产成本和降低生产效率。所以，选择公差等级的原则是在满足使用要求的前提下，尽可能选择较低的公差等级。

公差等级的选用一般采用类比法。用类比法选择公差等级时应考虑以下几个方面。

(1) 一般的非配合尺寸要比配合尺寸的公差等级低。

(2) 遵守工艺等价原则。孔和轴的加工难易程度应基本相同。对于小于等于 500mm 的基本尺寸，当公差等级≤IT8 时，因孔加工比相同尺寸、相同等级的轴加工困难，为保证工艺等价性，孔比轴的公差等级要低一级，如 H8/f7 等；当公差等级为 IT8 时，也可采用同级孔、轴配合，如 H8/f8 等；当公差等级大于 IT9 时，一般采用同级孔、轴配合，如 H9/c9 等。对于大于 500mm 的基本尺寸，一般采用孔、轴同级配合。

(3) 加工零件的经济性。如轴承盖与轴承座内孔的配合，则允许选用较大的间隙和较低的公差等级，轴承盖可以比轴承座内孔的公差等级低 2~3 级，如图 1.24 所示，轴承盖与轴承座内孔的配合为 $\phi52J7/f9$，公差等级相差 2 级。

(4) 与标准件配合的零件，其公差等级由标准件的精度要求决定。如与轴承配合的孔和轴，其公差等级由轴承的精度等级来决定；与齿轮孔相配合的轴，其配合部位的公差等级由齿轮的精度等级所决定。

(5) 公差等级的应用见表1-8，配合尺寸公差等级应用见表1-9。

表1-8 公差等级的应用

应用	公差等级																		
	IT01	IT0	IT1	IT2	IT3	IT4	IT5	IT6	IT7	IT8	IT9	IT10	IT11	IT12	IT13	IT14	IT15	IT16	IT17	IT18
量块	—	—	—																
量规			—	—	—	—	—	—	—										
特别精密零件				—	—	—	—												
配合尺寸							—	—	—	—	—	—	—						
非配合尺寸													—	—	—	—	—	—	—
原材料									—	—	—	—	—	—	—				

表1-9 配合尺寸公差等级应用

公差等级	重要处		常用处		次要处	
	孔	轴	孔	轴	孔	轴
精密机械	IT4	IT4	IT5	IT5	IT7	IT6
一般机械	IT5	IT5	IT7	IT6	IT8	IT9
较粗机械	IT7	IT6	IT8	IT9	IT10～IT12	

(6) 各种加工方法可达到的公差等级见表1-10。

表1-10 各种加工方法可达到的公差等级

加工方法	公差等级																		
	IT01	IT0	IT1	IT2	IT3	IT4	IT5	IT6	IT7	IT8	IT9	IT10	IT11	IT12	IT13	IT14	IT15	IT16	IT17	IT18
研磨	—	—	—	—	—	—	—												
珩磨						—	—	—	—										
圆磨							—	—	—	—									
平磨							—	—	—	—									
金刚石车					—	—	—	—											
金刚石镗					—	—	—	—											
拉削							—	—	—	—									
铰孔								—	—	—	—	—							
精车、精镗								—	—	—	—	—							
粗车												—	—	—					
粗镗												—	—	—					
铣										—	—	—	—						

(续)

加工方法	公 差 等 级																		
	IT01	IT0	IT1	IT2	IT3	IT4	IT5	IT6	IT7	IT8	IT9	IT10	IT11	IT12	IT13	IT14	IT15	IT16	IT17	IT18
刨、插												—	—							
钻削												—	—	—						
冲压																				
滚压、挤压																				
锻造																—	—			
砂型铸造																—	—			
金属型铸造																				
气割																—	—	—	—	

(7) 常用公差等级 IT5～IT12 级应用见表 1-11。

表 1-11 常用公差等级 IT5～IT12 级应用举例

公差等级	应 用 范 围
IT5 (孔为IT6)	主要用在配合公差、形状公差要求很小的地方，其配合性质稳定，一般在机床、发动机、仪表等重要部位应用。例如，与 D 级滚动轴承配合的箱体孔，与 E 级滚动轴承配合的机床主轴，机床尾架与套筒，精密机械及高速机械中轴颈，精密丝杠轴颈等
IT6 (孔为IT7)	配合性质能达到较高的均匀性。例如，与 E 级滚动轴承相配合的孔、轴径，与齿轮、蜗轮、联轴器、带轮、凸轮等连接的轴径，机床丝杠轴径，摇臂钻立柱，机床夹具中导向件外径尺寸，6 级精度齿轮的基准孔，7、8 级精度齿轮基准轴
IT7	7 级精度比 6 级精度稍低，应用条件与 6 级基本相似，在一般机械制造中应用较为普遍。例如，联轴器、带轮、凸轮等孔径，机床夹盘座孔，夹具中固定钻套，7、8 级精度的齿轮基准孔，9、10 级精度的齿轮基准轴
IT8	在机械制造中属于中等精度。例如，轴承座衬套沿宽度方向尺寸，9～12 级精度的齿轮基准孔，11～12 级精度的齿轮基准轴
IT9、IT10	主要用于机械制造中轴套外径与孔、操纵件与轴、带轮与轴、单键与花键
IT11、IT12	配合精度很低，装配后可能产生很大间隙，适用于基本上没有什么配合要求的场合。例如，机床上法兰盘与止口、滑块与滑移齿轮、加工中工序间尺寸、冲压加工的配合件、机床制造中的扳手孔与扳手座的连接

3. 配合的确定

当基准制和孔、轴公差等级确定之后，配合的选择包括配合类别的选择和非基准件（基孔制配合中的轴或基轴制配合中的孔）基本偏差代号的选择。

配合选择的方法主要有类比法、计算法和试验法。在实际生产中，大多采用类比法来选择配合，该方法应用最广。

1) 配合类别的选择

配合类别分为间隙配合、过渡配合和过盈配合。

(1) 间隙配合。当孔、轴有相对运动要求时，一般应选用间隙配合。要求精确又便于拆卸的静连接，结合件间只有缓慢运动或转动的动连接，可选用间隙小的间隙配合；对配合精度要求不高，只为装配方便，可选用间隙大的间隙配合。

(2) 过渡配合。要求精确定位，结合件间无相对运动，可拆卸的静连接，可选用过渡配合。

(3) 过盈配合。装配后需要靠过盈传递载荷，又不需要拆卸的静连接，可选用过盈配合。

具体选择配合类别可参考表 1-12。

表 1-12 配合类别选择

		永久结合	过盈配合
无相对运动	要传递转矩	要精确同轴	
		可拆结合	过渡配合或基本偏差为 H(h) 的间隙配合加紧固件
		不要精确同轴	键等间隙配合加紧固件
	不要传递转矩		过渡配合或轻的过盈配合
有相对运动	只有移动		基本偏差为 H(h)、G(g) 等间隙配合
	转动或转动和移动复合运动		基本偏差为 A~F(a~f) 等间隙配合

2) 非基准件基本偏差代号的选择

确定配合类别后，应按照优先、常用、一般的顺序选择配合。如仍不能满足要求，可以按孔、轴公差带组成相应的配合。

表 1-13 为各基本偏差的特性及应用，表 1-14 为优先配合的特征及应用，选择时可供参考。

表 1-13 各基本偏差的特性及应用

配合	基本偏差	特性及应用
间隙配合	a(A)、b(B)	可得到特别大的间隙，应用很少
	c(C)	可得到很大的间隙，一般适用于缓慢、松弛的动配合，用于工作条件较差（如农业机械），受力变形，或为了便于装配，而必须保证有较大的间隙时，推荐配合为 H11/c11，其较高等级的 H8/c7 配合，适用于轴在高温工作的紧密动配合，例如内燃机排气阀和导管
	d(D)	一般用于 IT7~IT11 级，适用于松的转动配合，如密封盖、滑轮、空转带轮等与轴的配合，也适用于大直径滑动轴承配合，如透平机、球磨机、轧滚成形和重型弯曲机以及其他重型机械中的一些滑动轴承
	e(E)	多用于 IT7~IT9 级，通常用于要求有明显间隙、易于转动的轴承配合，如大跨距轴承、多支点轴承等配合。高等级的 e 轴适用于大的、高速、重载支承，如涡轮发电机、大型电动机及内燃机主要轴承、凸轮轴轴承等配合
	f(F)	多用于 IT6~IT8 级的一般转动配合，当温度影响不大时，被广泛用于普通润滑油（或润滑脂）润滑的支承，如主轴箱、小电动机、泵等的转轴与滑动轴承的配合
	g(G)	配合间隙很小、制造成本高，除很轻负荷的精密装置外，不推荐用于转动配合，多用于 IT5~IT7 级，最适合不回转的精密滑动配合，也用于插销等定位配合，如精密连杆轴承、活塞及滑阀、连杆销等
	h(H)	多用于 IT4~IT11 级，广泛用于无相对转动的零件，作为一般的定位配合，若没有温度、变形影响，也用于精密滑动配合

(续)

配合	基本偏差	特性及应用
过渡配合	js(Js)	偏差完全对称(±IT/2)、平均间隙较小的配合，多用于IT4～IT7级，并允许略有过盈的定位配合，如联轴节、齿圈与钢制轮毂以及车床尾座孔与滑动套筒的配合为H6/h5，可用木锤装配
过渡配合	k(K)	平均间隙接近于零的配合，适用于IT4～IT7级，推荐用于稍有过盈的定位配合，例如为了消除振动用的定位配合，一般用木锤装配
过渡配合	m(M)	平均过盈较小的配合，适用IT4～IT7级，一般可用木锤装配，但在最大过盈时，要求有相当的压入力
过渡配合	n(N)	平均过盈比m级稍大，很少得到间隙，适用于IT4～IT7级，用锤或压入机装配，通常推荐用于紧密的组件配合。H6/n5配合时为过盈配合。如冲床上的齿轮与轴的配合，用锤子或压入机装配
过盈配合	p(P)	与H6或H7配合时是过盈配合，与H8孔配合时则为过渡配合，对非铁类零件，为较轻的压入配合，当需要时易于拆卸。对钢、铸铁或铜、钢组件装配是标准压入配合
过盈配合	r(R)	对铁类零件为中等打入配合，对非铁类零件，为轻打入配合，当需要时可以拆卸，与H8孔配合，直径在100mm以上时为过盈配合，直径小时为过渡配合
过盈配合	s(S)	用于钢和铁制零件的永久性和半永久性装配，可产生相当大的结合力，当用弹性材料(如轻合金)时，配合性质与铁类零件的p相当，例如套环压装在轴上、阀座等的配合。尺寸较大时，为了避免损伤配合表面，需用热胀或冷缩法装配
过盈配合	t(T)	过盈较大的配合，对钢和铸铁零件适于作永久性结合，不用键可传递力矩，需用热胀或冷缩法装配，例如联轴节与轴的配合
过盈配合	u(U)	这种配合过盈较大，一般应验算在最大过盈时，工作材料是否损坏，要用热胀或冷缩法装配。例如火车轮毂和轴的配合
过盈配合	v(V)、x(X) y(Y)、z(Z)	这些基本偏差所组成配合的过盈更大，目前使用的经验和资料还很少，必须经试验后才应用，一般不推荐

表1-14 优先配合的特征及应用

优先配合		应　用
基孔制	基轴制	
H11/c11	C11/h11	间隙非常大，用于很松、转动很慢的动配合，用于装配方便、很松的配合
H9/d9	D9/h9	间隙很大的自由转动配合，用于精度为非主要要求时，或有大的温度变化、高转速或大的轴颈压力时
H8/f7	F8/h7	间隙不大的转动配合，用于中等转速与中等轴颈压力的精确转动，也用于装配较容易的中等定位配合
H7/g6	G7/h6	间隙很小的滑动配合，用于不希望自由转动，但可自由移动和滑动并精密定位时，也可用于要求明确的定位配合

（续）

优先配合		应用
基孔制	基轴制	
H7/h6 H8/h7 H9/h9 H11/h11	H7/h6 H8/h7 H9/h9 H11/h11	均为间隙定位配合，零件可自由装拆，工作时一般相对静止不动，在最大实体条件下的间隙为零，在最小实体条件下的间隙由标准公差等级决定
H7/k6	K7/h6	过渡配合，用于精密定位
H7/n6	N7/h6	过渡配合，用于允许有较大过盈的更精密定位
H7/p6	P7/h6	过盈定位配合，即小过盈配合，用于定位精度特别重要时，能以最好的定位精度达到部件的刚性及对中性要求
H7/s6	S7/h6	中等压入配合，适用于一般钢件，也可用于薄壁件的冷缩配合，用于铸铁件可得到最紧的配合
H7/u6	U7/h6	压入配合，适用于可以承受高压入力的零件，或不宜承受大压入力的冷缩配合

3) 配合选择时需注意的问题

间隙配合的选择主要看运动的速度、承受载荷、定心要求和润滑要求。相对运动速度高，工作温度高，则间隙应大些；相对运动速度低，如一般只做低速的相对运动，则间隙应小些。

过渡配合的选择主要根据定心要求与拆装等情况确定。对于定位配合，要保证不松动；如需要传递扭矩，则还需加键、销等紧固件；经常拆装的部位要比不经常拆装的配合松些。

过盈配合的选择主要根据扭矩的大小以及是否加紧固件与拆装困难程度等要求确定，无紧固件的过盈配合，其最小过盈量产生的结合力应保证能传递所需的扭矩和轴向力；而最大过盈量产生的内应力不许超出材料的屈服强度。可参考表1-15进行调整。

表1-15 工作情况对间隙或过盈的影响

具体工作情况	过盈的变化	间隙的变化	具体工作情况	过盈的变化	间隙的变化
材料强度低	减小	—	装配精度高	减小	减小
经常拆卸	减小	—	旋转速度高	增大	增大
孔温高于轴温 轴温高于孔温	增大 减小	减小 增大	单件小批生产 大批大量生产	—	增大 减小
有冲击载荷	增大	减小	润滑油黏度大	—	增大
配合长度较长	减小	增大	有轴向运动	—	增大
配合面形位误差较大	减小	增大	装配时可能歪斜	减小	增大

4. 尺寸公差和配合设计的步骤

具体的尺寸公差和配合设计时，可按照以下步骤进行。

(1) 确定基准制。确定基准制时，根据基准制的选择原则，先看是否属于基轴制的情况，如果在基轴制选择的范围下就选用基轴制，如果不属于则优先选用基孔制。

(2) 确定公差等级。确定公差等级时，根据在满足要求的前提下，尽可能选择低的公差等级的原则，可参考表1-8～表1-11先确定基准件的公差等级，再根据工艺等价的原则确定非基准件的公差等级。

(3) 确定公差带代号。确定公差带代号，包括基准件和非基准件的公差带代号。基准件的公差带代号根据步骤(1)和(2)可以直接写出；在确定非基准件的公差带代号时，可以先参考表1-12确定配合类型，缩小基本偏差代号的范围，再根据配合的功能要求，参考表1-14，看是否有优先选用的配合供参考，若没有，再参考表1-13、表1-15及表1-4、表1-5选择出满足要求的基本偏差代号，再根据步骤(2)确定的公差等级，即可写出非基准件的公差带代号。

(4) 写出配合代号。根据配合代号的标注方法（将孔、轴的公差带代号写成分数的形式），标注出配合代号。

5. 公差与配合设计综合示例

【例1-3-1】 如图1.12所示，设计后压盖外圆 $\phi40$mm 与滑座孔的配合。要求装配后后压盖外圆与滑座孔同轴且方便拆卸。

解：(1) 确定基准制。根据基准制的选择原则，后压盖外圆与滑座孔的配合不属于基轴制的情况，也无特殊要求，故优先选用基孔制配合，所以滑座孔 $\phi40$mm 的基本偏差代号为 H。

(2) 确定公差等级。公差等级的确定采用类比的方法，参考表1-8～表1-11，确定滑座孔的公差等级为 IT7 级，根据工艺等价的原则，孔比轴低一级配合，故后压盖的公差等级确定为 IT6 级。

(3) 确定公差带代号。因后压盖外圆与滑座孔的配合选用基孔制配合，故滑座孔的公差带代号为 H7；后压盖外圆与滑座孔配合后，要求装配后同轴且拆卸方便，参考表1-12，确定配合类型为过渡配合或加紧固件基本偏差为 H(h) 的间隙配合，再参考表1-14，确定其基本偏差代号为 h6。

(4) 写出配合代号。根据配合代号的标注方法，后压盖外圆与滑座孔的配合代号为 $\phi40$H7/h6。

【例1-3-2】 有一孔、轴配合，基本尺寸为 $\phi25$mm，要求配合间隙为 +0.020mm～+0.056mm，试确定孔、轴的配合代号。

解：(1) 确定基准制。由已知条件知，孔、轴配合无明确说明和特殊要求，根据基准制的选择原则，故优先选用基孔制，所以孔的基本偏差代号为 H。

(2) 确定公差等级。由已知条件知，该孔、轴的配合采用的是间隙配合，允许的配合公差 $T_f = |X_{max} - X_{min}| = |0.056 - 0.020| = 0.036$mm，又 $T_f = T_h + T_s$，故 $T_h + T_s = 0.036$mm $= 36\mu$m；假设孔与轴为同级配合，则 $T_h = T_s = T_f/2 = 0.018$mm $= 18\mu$m，查表1-1，基本尺寸为 $\phi25$mm，公差数值不存在 18μm，故孔、轴非同级配合，根据工艺等价原则，孔公差等级比轴公差等级低一级，且其公差数值必然处于 18μm 的两侧。

查表1-1可得，IT7 $= 21\mu$m，IT6 $= 13\mu$m，且孔的公差等级为 IT7，轴的公差等级

为 IT6。

(3) 确定公差带代号。由于孔、轴配合采用的是基孔制，故孔的公差带代号为 H7；因该孔轴为基孔制下的间隙配合，参考图 1.20(a)，故轴的上偏差 es 为基本偏差。根据 $X_{\min}=\mathrm{EI}-\mathrm{es}=0-\mathrm{es}\geqslant 0.020\mathrm{mm}$，得 $\mathrm{es}\leqslant -0.020\mathrm{mm}=-20\mu\mathrm{m}$。根据 $X_{\max}=\mathrm{ES}-\mathrm{ei}=(\mathrm{EI}+T_h)-(\mathrm{es}-T_s)=(0+0.021)-(\mathrm{es}-0.013)=0.034-\mathrm{es}\leqslant 0.056$，得 $\mathrm{es}\geqslant -0.022\mathrm{mm}=-22\mu\mathrm{m}$，即 $-22\mu\mathrm{m}\leqslant \mathrm{es}\leqslant -20\mu\mathrm{m}$。

查表 1-2 可得，$\mathrm{es}=-20\mu\mathrm{m}$，对应的轴的基本偏差代号为 f，故轴的公差带代号为 f6。

(4) 写出配合代号。根据配合代号的标注方法，孔、轴的配合代号为 $\phi 25\mathrm{H}7/\mathrm{f}6$。

1.3.4 实训项目

1. 实训目的

(1) 掌握零件尺寸精度及配合设计的内容和方法。
(2) 进一步熟悉尺寸公差和配合国标的基本内容。

2. 实训内容

图 1.25 所示为活结合页装配图，图 1.26、图 1.27 及图 1.28 为销轴、合页 1 及合页 2 的零件图。3 个零件装配后，要求销轴与合页 1 是牢固联接，二者不能相对转动，合页 2 与销轴是活动联接，合页 2 相对于销轴回转灵活。根据以上要求，完成以下内容。

(1) 设计合页 1 和合页 2 上 $\phi 20\mathrm{mm}$ 孔的尺寸精度，并标注在零件图上。
(2) 设计合页 1 和合页 2 上 $\phi 20\mathrm{mm}$ 孔与销轴的配合，并标注在装配图上。

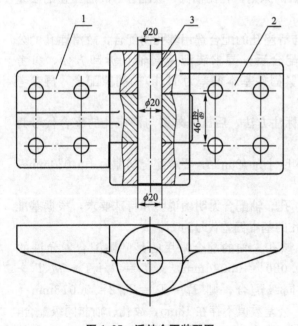

图 1.25 活结合页装配图
1—活结合页 1；2—活结合页 2；3—销轴

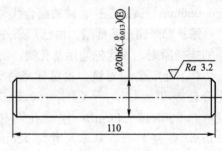

图 1.26 销轴

项目1 孔和轴的公差与配合

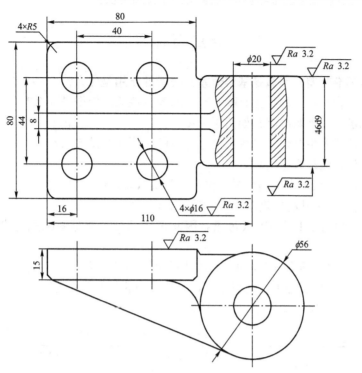

图1.27 活结合页1

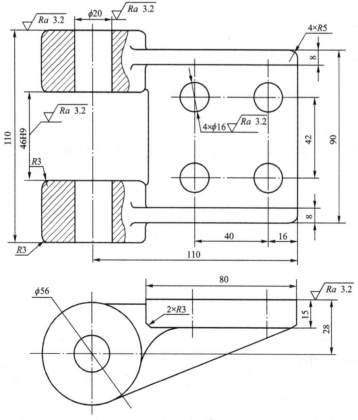

图1.28 活结合页2

拓展与练习

1. 什么是标准公差？什么是基本偏差？两者的作用是什么？
2. 什么是配合？配合的类型有哪些？判断配合性质的依据是什么？
3. 国家规定了几种基准制？如何正确使用？
4. 国家规定了多少个公差等级？公差等级的选用原则是什么？
5. 判断下列说法是否正确。
（1）公差通常为正，在个别情况下也可以为负或零。（　　）
（2）零件的实际尺寸越接近基本尺寸越好。（　　）
（3）过渡配合可能具有间隙或过盈，因此过渡配合可能是间隙配合也可能是过盈配合。（　　）
（4）孔的基本偏差即下偏差，轴的基本偏差即上偏差。（　　）
（5）配合公差的数值越小，则相互配合的孔、轴的公差等级越高。（　　）
6. 根据表1-16中已知数据，计算空格内容。

表1-16　题6表

序号	孔或轴	基本尺寸	极限尺寸		极限偏差		公差
			最大	最小	上偏差	下偏差	
1	孔		40.039	40			
2	轴		70.050mm			+0.020	
3	孔	$\phi 25$mm			+0.040		0.021
4	轴	$\phi 85$mm		84.964mm			0.035

7. 根据表1-17中的各配合查表，将查表和计算结果填入空格中，并画出公差带图。

表1-17　题7表

组号	公差带代号	基本偏差	标准公差	另一极限偏差	配合性质	极限间隙或过盈	配合公差
1	$\phi 50$H6						
	$\phi 50$f5						
2	$\phi 80$H7						
	$\phi 80$p6						
3	$\phi 60$S7						
	$\phi 60$h6						
4	$\phi 20$H8						
	$\phi 20$js7						

8. 已知某孔、轴配合的基本尺寸为$\phi 20$mm，最大间隙为0.006mm，最大过盈为－0.028mm，孔的尺寸公差为0.021mm，轴的上偏差为0，试确定孔、轴的尺寸。

9. 有一孔、轴配合，基本尺寸为$\phi 60$mm，要求配合后过盈量在－0.045～－0.086mm之间，试确定孔、轴的公差等级，按基孔制选定适当的配合，并画出其尺寸公差带图。

项目 2

形位公差的标注与选择

学习目的与要求

(1) 掌握形位公差的有关概念和术语。
(2) 掌握形位公差特征项目符号、公差带的特点及意义。
(3) 掌握形位公差的标注方法。
(4) 能够正确理解公差原则的内容及应用。
(5) 能够正确解释图样上的形位公差标注。
(6) 能够根据零件的功能技术要求,进行形位公差的选择设计。

任务 2.1　识读形位公差标注

2.1.1　任务描述

识读图 2.1 所示顶杆零件，试对图样上的形位公差标注做出解释。

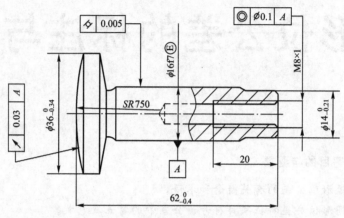

图 2.1　顶杆零件

2.1.2　任务实施

对图样上的形位公差做出解释。

(1) ┃↗┃0.03┃A┃ 做出的解释：顶杆 $R750$mm 球面相对于 $\phi16$mm 外圆柱面轴线有圆跳动公差要求，其公差带形状是与 $\phi16$mm 外圆柱面同轴的任一直径位置测量的圆柱面上沿母线方向宽度为公差数值 0.03mm 的两圆之间的区域，$R750$mm 球面要合格则必须处在公差带形状限定的区域内。

(2) ┃⌭┃0.005┃ 做出的解释：$\phi16$mm 圆柱面有圆柱度公差要求，其公差带形状是半径差为公差数值 0.005mm 的两同轴圆柱面之间的区域，$\phi16$mm 圆柱面要合格则必须处在公差带形状限定的区域内。

(3) ┃◎┃ϕ0.1┃A┃ 做出的解释：M8 螺纹内孔轴线相对于 $\phi16$mm 外圆柱面轴线有同轴度公差要求，其公差带形状是直径为公差数值 0.1mm 且以 $\phi16$mm 外圆柱面轴线为轴线的圆柱面内的区域，M8 螺纹内孔轴线要合格则必须处在公差带形状限定的区域内。

(4) $\phi16f7$Ⓔ：查表 1-1，$T_s=0.018$mm；查表 1-2，$es=-0.016$mm；由 $T_s=es-ei$ 得，$ei=es-T_s=-0.034$mm。故对 $\phi16f7$Ⓔ解释即为对 $\phi16^{-0.016}_{-0.034}$Ⓔ做出的解释。

$\phi16$mm 外圆柱面采用了包容要求。该表面的最大实体边界为直径等于 $\phi15.984$mm 的理想圆柱面，故实际轮廓必须控制在该边界范围内。

① 当其实际尺寸均为最大实体尺寸 $\phi15.984$mm 时，其形状误差为零。

② 当其实际尺寸偏离最大实体尺寸 $\phi15.984$mm 时，允许有形状误差，误差允许值等于尺寸的偏离值，即 $t=|15.984-d_a|$ (mm)。

③ 当其实际尺寸均为最小实体尺寸 $\phi15.966$mm 时，允许的形状误差达到最大，最大

允许值等于尺寸公差值,即 $t=0.018$mm。

2.1.3 知识链接

1. 形位公差相关概念

1) 形位误差

零件在加工过程中,由于机床、夹具、刀具组成的工艺系统本身的误差,以及工艺系统的受力变形、振动、磨损、高温及应力等因素,都会使加工后零件的实际形状及构成零件的各要素之间的位置存在一定的误差,这就是形状或位置误差,简称形位误差。

零件形位误差的存在,对机器的精度、结合强度、密封性、工作平稳性、使用寿命等都会产生不良影响。

例如:图2.2(a)所示的 $\phi 10_{-0.015}^{0}$ mm 销轴,加工后该销轴的尺寸和尺寸公差完全符合设计要求,但仍不能完全保证装配中的互换性要求。查找种种原因,发现其轴线的实际形状发生弯曲,如图2.2(b)所示。这说明销轴存在形状误差,正是因为该形状误差,使得销轴与孔在配合的过程中达不到互换性要求。

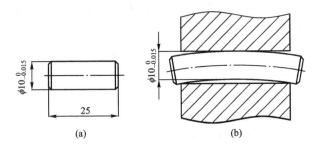

图 2.2 销轴轴线的形状误差示例

例如:图2.3(a)所示托架,若支承面 B 与安装面 A 的位置不完全垂直,如图2.3(b)所示,此时支承面 B 对 A 面在位置上存在误差,也不能满足使用要求。

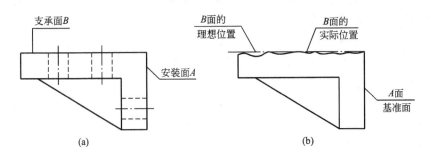

图 2.3 托架支承面的位置误差示例

因此,为了提高机械产品质量和保证零件的互换性,不仅要控制零件的尺寸误差,而且对零件的形状和位置误差也要加以控制。

2) 形位公差

为保证机械产品的质量和零件的互换性,在零件的设计过程中,根据零件的功能要求,对零件上相关要素的实际形状和位置进行控制,给出一个允许其形状和位置误差变动的范围，这个范围称为形状公差和位置公差，简称形位公差。

3）几何要素

构成零件几何特征的点、线、面统称为零件的几何要素，如图 2.4 所示。

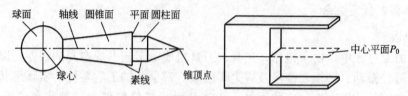

图 2.4 零件的几何要素

图 2.4 中，零件的球心、球面、轴线、圆锥面、平面、圆柱面、素线、锥顶点及矩形槽的中心面 P_0 等均为零件的几何要素。

为了便于研究形位误差和形位公差，零件的几何要素可按不同的研究重点进行分类，具体分类方式如下所述。

（1）按结构特征分：

轮廓要素——构成零件外形的点、线、面各要素。如图 2.4 中的球面、锥面、圆柱面、素线、平面及锥顶点都属于轮廓要素。

中心要素——对称中心所表示的点、线、面各要素。如图 2.4 中的轴线、球心、中心平面 P_0 都属于中心要素。

（2）按存在的状态分：

理想要素——具有几何学意义的要素，它不存在任何误差。机械图样所表示的要素均为理想要素，它是评定实际要素误差的依据。

实际要素——零件实际存在的要素。通常用测量得到的要素来代替实际要素。

（3）按所处的地位分：

基准要素——用来确定被测要素方向或（和）位置的要素。如图 2.1 中 $\phi 16f7$ 的轴线为基准要素，它是 M8 螺纹孔轴线对 $\phi 16f7$ 圆柱面轴线有同轴度要求的基准，也是对 $R750mm$ 球面圆跳动要求的基准。

被测要素——图样中有形位公差要求的要素，是被检测和确定的对象。如图 2.1 中的 $\phi 16f7$ 圆柱面、M8 螺纹孔轴线及 $R750mm$ 球面均是被测要素。

（4）按功能要求分：

单一要素——仅对被测要素本身提出形状公差要求的要素。如图 2.1 中的 $\phi 16f7$ 圆柱表面，设计者给出了圆柱度公差要求，该形状公差要求与其他要素无相对位置要求，故 $\phi 16f7$ 圆柱表面为单一要素。

关联要素——相对于基准要素有方向或（和）位置功能要求而给出位置公差要求的被测要素。如图 2.1 中 M8 螺纹孔的轴线相对于 $\phi 16f7$ 圆柱体的轴线有同轴度的功能要求，故 M8 螺纹孔的轴线为关联要素。

2. 形位公差项目符号

国家标准规定形位公差共有 14 个项目，其中形状公差项目 4 个，形状或位置公差项目 2 个，位置公差 3 类 8 个，见表 2-1。

表 2-1 形位公差项目和符号

公	差	项 目	符 号	基准要求
形状	形状	直线度	—	无
		平面度	▱	
		圆度	○	
		圆柱度	⌭	
形状或位置	轮廓	线轮廓度	⌒	有或无
		面轮廓度	⌓	
位置	定向	平行度	∥	有
		垂直度	⊥	
		倾斜度	∠	
	定位	位置度	⌖	有或无
		同轴度	◎	有
		对称度	═	
	跳动	圆跳动	↗	有
		全跳动	⌰	

3. 形位公差的标注

根据国家标准 GB/T 1182—2008 的规定，形位公差在图样上的标注按矩形框格的形式给出，用带箭头的指引线将框格与被测要素相连，用形位公差规定的符号标注，无法用符号标注的，允许在技术要求中用文字说明。

形位公差标注包括形位公差框格、指引线、形位公差符号、形位公差数值、基准符号及基准代号和其他有关符号，如图 2.5 所示。

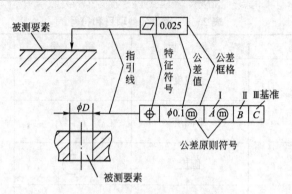

图 2.5　形位公差标注代号

1) 形位公差框格

公差框格有两格或多格,它可以水平放置,也可以垂直放置,线型为细实线,如图 2.6 所示。各格填写的内容如下所述。

第一格——形位公差项目符号。

第二格——形位公差数值和有关符号。公差数值用线性尺寸量表示,若公差带形状为圆形或圆柱形,则需要在公差数值前加注"ϕ";若公差带的形状为球形,则公差数值前应加注"$S\phi$"。

第三格和以后各格——基准代号的字母和有关符号。

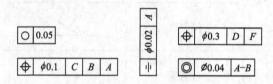

图 2.6　公差框格标注

2) 被测要素

被测要素要用指引线与公差框格连接,指引线引自公差框格的任一侧。指引线由指示箭头和指引线构成,可以曲折,但一般不多于两次。

被测要素的标注方法如下。

(1) 当被测要素为轮廓线或为有积聚性投影的表面时,将箭头置于被测要素的轮廓线或轮廓线的延长线上,并与尺寸线明显地错开,如图 2.7 所示。

(2) 当被测要素的投影为面时,箭头可置于带点的参考线上,该点指在表示实际表面的投影上,如图 2.8 所示。

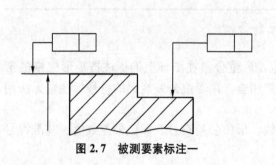

图 2.7　被测要素标注一

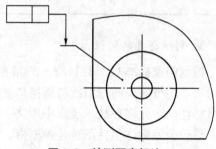

图 2.8　被测要素标注二

(3) 当被测要素为中心要素即轴线、中心平面或由带尺寸的要素确定的点时,则指引线的箭头应与确定中心要素的轮廓的尺寸线对齐,如图 2.9 所示。

(4) 当对同一要素有一个以上的公差特征项目要求且测量方向相同时,用同一指引线指向被测要素,如图 2.10(a)所示;如测量方向不完全相同,则应将测量方向不同的项目分开标注,如图 2.10(b)所示。

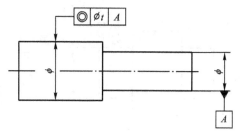

图 2.9 被测要素标注三

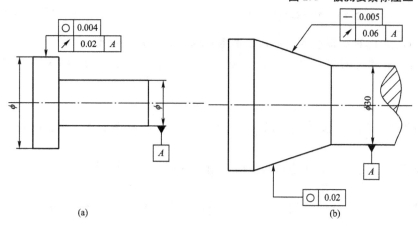

图 2.10 被测要素标注四

(5) 当不同的被测要素有相同的形位公差要求时,可以在从框格引出的指引线上绘制出多个指示箭头,分别指向各被测要素,如图 2.11 所示。

(6) 当用同一公差带控制几个被测要素时,应在公差框格上注明"共面"或"共线",如图 2.12 所示。

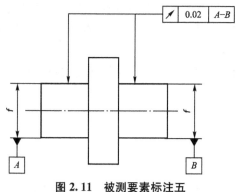

图 2.11 被测要素标注五

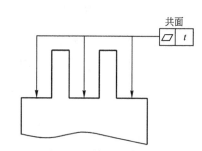

图 2.12 被测要素标注六

(7) 为了说明公差框格中所标注的形位公差的其他附加要求,可以在公差框格的上方或下方附加文字说明。属于被测要素数量的说明,应写在公差框格的上方,如图 2.13(a)所示;属于解释性的说明,应写在公差框格的下方,如图 2.13(b)所示。

3) 基准要素

与被测要素相关的基准要素需用基准符号标出,如图 2.14 所示。

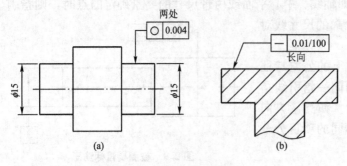

图 2.13 被测要素标注七

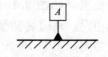

图 2.14 基准符号

注意：① 无论基准符号方向如何，圆圈内的字母都应水平书写。

② 基准字母用大写英文字母表示，为了不引起误解，其中 E、I、J、M、O、P、L、R、F 不用。

基准一般分为以下 3 类。

单一基准——由 1 个要素建立的基准，用一个大写的字母表示。标注时，放在一个公差框格里。

公共基准——由两个要素建立的基准，用中间以短横线隔开的两个大写的字母表示。标注时，放在一个公差框格里。

基准体系——由互相垂直的 2 个或 3 个要素构成 1 个基准体系，用对应的 2 个或 3 个大写字母表示。标注时，分别放在不同的公差框格内。

基准要素的标注与被测要素的标注相似，具体方法如下所述。

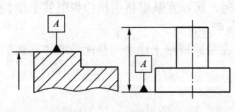

图 2.15 基准要素标注一

（1）当基准要素为轮廓线或为有积聚性投影的表面时，将基准符号置于被测要素的轮廓线或轮廓线的延长线上，并使基准符号中的连线与尺寸线明显地错开，如图 2.15 所示。

（2）当基准要素的投影为面时，基准符号可置于带点的参考线上，该点指在表示实际表面的投影上，如图 2.16 所示。

（3）当基准要素为中心要素即轴线、中心平面或由带尺寸的要素确定的点时，基准符号中的连线应与确定中心要素的轮廓的尺寸线对齐，如图 2.17 所示。

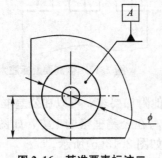

图 2.16 基准要素标注二

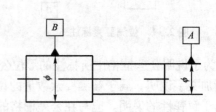

图 2.17 基准要素标注三

4)形位公差的一些特殊标注

(1)限定被测要素或基准要素的范围。如果仅对要素的某一部分给定形位公差要求,或以要素的某一部分作基准时,则应用双点画线表示其范围并加注尺寸,如图2.18所示。

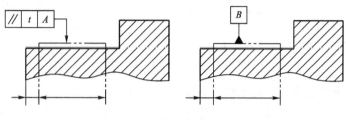

图2.18 形位公差特殊标注一

(2)对公差数值有附加说明的标注。如对公差数值在一定的范围内有附加的要求时,可采用如图2.19所示的标注方法。图中公差的含义是在长度为200mm的平面范围内的直线的直线度公差数值为0.02mm,其余长度范围内直线度公差数值为0.05mm。

(3)全周符号的标注方法。形位公差特征项目如轮廓度公差应用于横截面内的整个外轮廓线或整个外轮廓面时,应采用全周符号,即在公差框格的指引线上画上一个圆圈,如图2.20所示。

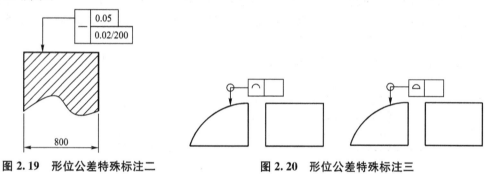

图2.19 形位公差特殊标注二　　图2.20 形位公差特殊标注三

4. 形位公差带

形位公差带是用来限制被测要素变动的区域。只要被测实际要素在空间的变动量不超出给定的公差带,就表示实际要素的形状和位置符合设计要求。

由于被测要素是零件的空间几何要素,因此限制其变动的形位公差带也是一种空间区域。显然,形位公差带具有大小、形状、方向和位置4个要素。其大小由公差数值(公差带宽度或直径)决定;形状由被测要素的特征决定;方向是指与公差带延伸方向相垂直的方向;位置由基准要素和相关尺寸决定。

1)形状公差带

形状公差是为了限制形状误差而设置的,具体表述为单一实际要素的形状所允许的变动量。形状公差用形状公差带来表达,用以限制实际要素变动的区域。

(1)直线度。直线度公差是限制被测实际直线对理想直线变动量的一项指标。被限制的直线有平面内的直线、回转体(圆柱和圆锥)上的素线、平面与平面的交线和轴线等。

① 给定平面内的直线度。对于给定平面内的直线度,公差带是距离为公差值 t 的两平行直线之间的区域。如图2.21所示,被测表面内直线有直线度公差要求,其公差带形状

是距离为公差数值 0.015mm 的两平行直线之间的区域。

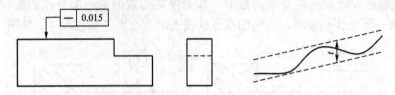

图 2.21　给定平面内直线度

② 给定方向上的直线度。对于给定方向上的直线度，公差带是距离为公差值 t 的两平行平面之间的区域。如图 2.22 所示，圆柱面的素线有直线度公差要求，其公差带的形状是距离为公差数值 0.015mm 的两平行平面之间的区域。

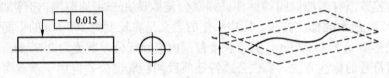

图 2.22　给定方向上直线度

③ 任意方向上的直线度。对于任意方向上的直线度，公差带是直径为公差值 t 的圆柱面内的区域。如图 2.23 所示，ϕd 圆柱轴线有直线度公差要求，其公差带形状是直径为公差数值 0.025mm 的圆柱面之间的区域。

注意：因公差带的形状为圆柱形，故标注时在公差数值前加注"ϕ"。

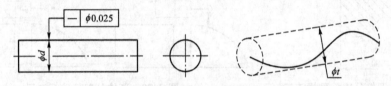

图 2.23　任意方向上直线度

(2) 平面度。平面度公差是限制被测实际平面对理想平面变动量的一项指标。

平面度公差带是距离为公差数值 t 的两平行平面之间的区域。如图 2.24 所示，零件上表面有平面度公差要求，其公差带形状是距离为公差数值 0.01mm 的两平行平面之间的区域。

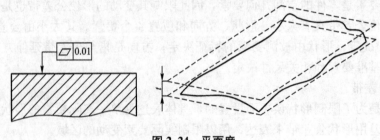

图 2.24　平面度

(3) 圆度。圆度公差是限制被测实际圆对理想圆变动量的一项指标，是对回转体零件在任一正截面内的圆形轮廓要求。

圆度公差带是在同一正截面内半径差为公差数值 t 的两同心圆之间的区域。如图 2.25

所示，被测圆柱面和圆锥面都有圆度公差要求，其公差带形状都是半径差为公差数值 0.01mm 的两同心圆之间的区域。

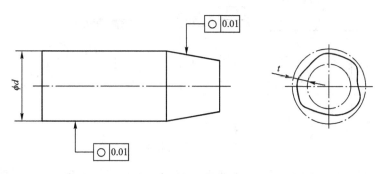

图 2.25　圆度

(4) 圆柱度。圆柱度公差是限制被测实际圆柱面对理想圆柱面变动量的一项指标，它控制了圆柱体的圆度、素线的直线度及轴线的直线度公差，是一个综合的形状公差。

圆柱度公差带是半径差为公差数值 t 的两同轴圆柱之间的区域。如图 2.26 所示，被测圆柱面有圆柱度公差要求，其公差带形状是半径差为公差数值 0.015mm 的两同心圆柱面之间的区域。

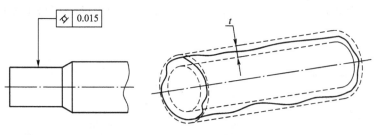

图 2.26　圆柱度

形状公差的几点说明如下。

① 形状公差带不涉及基准，不与其他要素发生关系。其本身没有方向和位置要求，可根据实际方向和位置浮动，只要被测要素处于其中即为合格。

② 直线度公差可控制直线、平面、圆柱和圆锥面的形状误差，平面度公差控制平面的形状误差，同时也控制平面内直线的直线度误差。如窄长平面(导轨)可用直线度控制，宽大平面(工作台)可用平面度控制。

③ 圆柱度公差是一项综合公差，用于对整体形状精度要求高的零件，如机床主轴轴颈。

2) 形状或位置公差

形状或位置公差(线轮廓度或面轮廓度)根据有无基准属于形状或位置公差。即无基准时属于形状公差，有基准时属于位置公差。

(1) 线轮廓度(无基准)。线轮廓度公差是限制实际曲线对其理想曲线变动量的一项指标，是对零件上的非圆曲线提出的形状精度要求。

线轮廓度公差带是包络一系列直径为公差数值 t 的圆的两包络线之间的区域，其各圆的圆心位于理想轮廓上。如图 2.27 所示，被测曲线有线轮廓度公差要求，其公差带形状是一系列直径为公差数值 0.04mm 且圆心在理想轮廓上的圆形成的两包络线之间的区域。

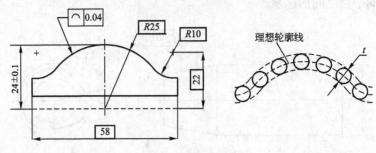

图 2.27 线轮廓度

当被测轮廓曲线相对基准有位置要求时，其公差带形状与无基准要求的线轮廓度的相同，只是其理想轮廓是指相对于基准为理想位置的理想轮廓线。有基准要求的线轮廓度属于位置公差。

(2) 面轮廓度(无基准)。面轮廓度公差是限制实际曲面对其理想曲面变动量的一项指标，是对零件上的曲面提出的形状精度要求。

面轮廓度公差带是包络一系列直径为公差数值 t 的球的两包络面之间的区域，其各球的球心位于理想轮廓面上。如图 2.28 所示，被测曲面有面轮廓度公差要求，其公差带形状是一系列直径为公差数值 0.02mm 且球心在理想轮廓面上的球形成的两包络面之间的区域。

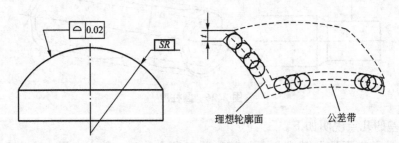

图 2.28 面轮廓度

当被测轮廓曲面相对基准有位置要求时，其公差带形状与无基准要求的面轮廓度的公差带形状相同，只是其理想轮廓是指相对于基准为理想位置的理想轮廓面。有基准要求的面轮廓度属于位置公差。

线轮廓度和面轮廓度都是用于控制轮廓的形状精度。在生产中，由于工艺上的原因，常用线轮廓度代替面轮廓度控制轮廓面的形状。

3) 位置公差

位置公差是指关联实际要素的方向、位置对基准要素所允许的变动量。根据关联要素对基准功能要求的不同，位置公差可分为定向公差、定位公差和跳动公差 3 类。定向公差控制方向误差；定位公差控制位置误差；跳动公差是以检测方式定出的项目，具有综合控制形位误差的作用。其共同特点都是以基准作为确定被测要素的理想方向、位置和回转轴线的。

(1) 定向公差。定向公差是关联实际要素对基准在方向上允许的变动量，用于保证被测实际要素相对基准的方向精度。

定向公差包括平行度、垂直度、倾斜度3项。

① 平行度。平行度公差用于限制实际要素对基准要素平行的误差。典型的平行度公差有以下形式。

a. 面对线的平行度。公差带是距离为公差数值 t 且平行于基准轴线的两平行平面之间的区域。如图 2.29 所示，被测上表面相对于其轴线有平行度公差要求，其公差带形状为距离是公差数值 0.06mm 且平行其轴线的两平行平面之间的区域。

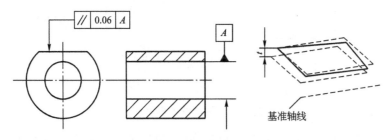

图 2.29　面对线的平行度

b. 面对面的平行度。公差带是距离为公差数值 t 且平行于基准面的两平行平面之间的区域。如图 2.30 所示，零件上平面相对于其底面有平行度公差要求，其公差带形状为距离是公差数值 0.05mm 且平行底面的两平行平面之间的区域。

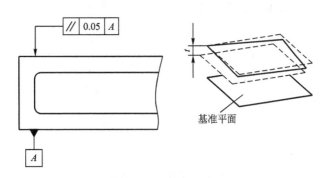

图 2.30　面对面平行度

② 垂直度。垂直度公差用于限制实际要素对基准要素垂直的误差。典型的垂直度公差有以下形式。

a. 线对线的垂直度。公差带是距离为公差数值 t 且垂直基准轴线的两平行平面之间的区域。如图 2.31 所示，被测孔轴线相对于基准轴线有垂直度公差要求，其公差带形状为距离是公差数值 0.04mm 且垂直基准轴线的两平行平面之间的区域。

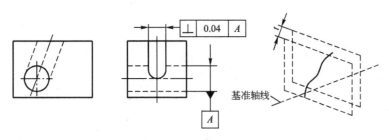

图 2.31　线对线的垂直度

b. 面对线的垂直度。公差带是距离为公差数值 t 且垂直基准轴线的两平行平面之间的区域。如图 2.32 所示，零件底面相对于基准轴线有垂直度公差要求，其公差带形状为距离是公差数值 0.06mm 且垂直基准轴线的两平行平面之间的区域。

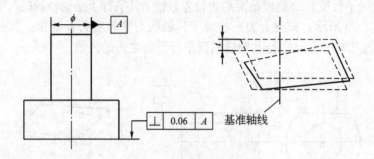

图 2.32 面对线的垂直度

c. 任意方向的垂直度。公差带是直径为公差数值 t 且垂直基准面的圆柱面的区域。如图 2.33 所示，ϕd 圆柱面轴线相对于底面有垂直度公差要求，其公差带形状为直径是公差数值 0.03mm 且垂直底面的圆柱面之间的区域。

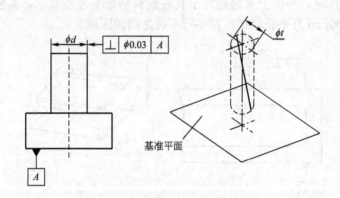

图 2.33 任意方向的垂直度

注意：因公差带的形状为圆柱面，故公差数值前需要加注"ϕ"。

③ 倾斜度。倾斜度公差用于限制实际要素对基准要素成一定角度的误差。典型的倾斜度公差有以下形式。

a. 线对面的倾斜度。公差带是距离为公差数值 t 且与基准面成理论正确角度的两平行平面之间的区域。如图 2.34 所示，被测孔轴线相对于零件底面有倾斜度公差要求，其公差带形状为距离是公差数值 0.06mm 且与底面成 60°角的两平行平面之间的区域。

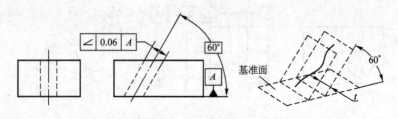

图 2.34 线对面的倾斜度

b. 面对线的倾斜度。公差带是距离为公差数值 t 且垂直基准轴线的两平行平面之间的区域。如图 2.35 所示，零件端斜面相对于其轴线有倾斜度公差要求，其公差带形状为距离是公差数值 0.06mm 且与其基准轴线成 75°角的两平行平面之间的区域。

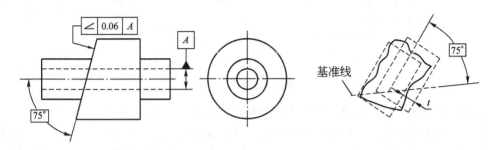

图 2.35　面对线的倾斜度

定向公差的几点说明如下。

① 定向公差带相对于基准有确定的方向，而其位置则允许在一定范围内浮动。

② 定向公差带可同时控制被测要素的方向和形状。故对被测要素给出定向公差后，通常不再给出形状公差要求。若功能需要对形状精度有进一步要求时，可同时给出形状公差要求，且形状公差数值要小于定向位置公差数值。

（2）定位公差。定位公差是关联实际要素对基准在位置上允许的变动量，用于保证被测实际要素相对基准的位置精度。

定位公差包括同轴度、对称度、位置度 3 项。

① 同轴度。公差带是直径为公差数值 t 的圆柱面内的区域，该圆柱面的轴线与基准轴线同轴。如图 2.36 所示，ϕd 圆柱面轴线相对于 ϕD 圆柱面轴线有同轴度公差要求，其公差带形状为直径为公差数值 0.04mm 的圆柱面，该圆柱面的轴线与 ϕD 圆柱面轴线同轴。

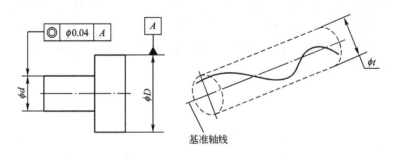

图 2.36　同轴度

注意：因公差带的形状为圆柱面，故公差数值前需要加注"ϕ"。

② 对称度。公差带是距离为公差数值 t 且相对于基准中心平面（或中心线、轴线）对称的两平行平面之间的区域。如图 2.37 所示，被测中心平面相对于零件基准中心面有对称度公差要求，其公差带的形状为距离是公差数值 0.08mm 且相对于基准中心面对称的两平行平面之间的区域。

③ 位置度。位置度公差用来控制被测实际要素相对于其理想位置的变动量，其理想位置由基准和理论正确尺寸确定。典型的位置度公差有以下形式。

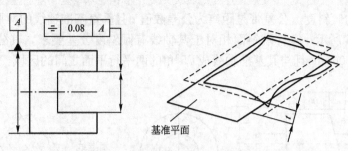

图 2.37 对称度

a. 点的位置度。点的位置度是用以限制球心或圆心的位置误差的。

公差带形状是以理论正确尺寸确定的点为圆心或球心,以公差数值 t 为直径的圆或球所确定的区域。如图 2.38 所示,被测平面内的点相对于基准体系有位置度公差要求,其公差带形状为以理论正确尺寸 60、80 和基准 A、B 确定的点为圆心,以公差数值 0.05mm 为直径的圆所确定的区域。

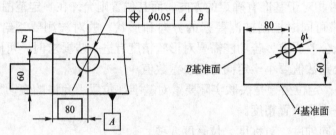

图 2.38 点的位置度

注意:因公差带形状为圆,故公差数值前需要加注"ϕ"。若对空间的点提出位置度公差要求,则其公差带形状为球,需在公差数值前加注"$S\phi$"。

b. 线的位置度。公差带形状是直径为公差数值 t,以理想位置确定的线为轴线的圆柱面内的区域。如图 2.39 所示,被测实际要素孔的轴线相对于基准体系有位置度公差要求,其公差带形状是直径为公差数值 0.1mm,以理论正确尺寸 60、80 和基准 B、A、C 确定的线为轴线的圆柱面内的区域。

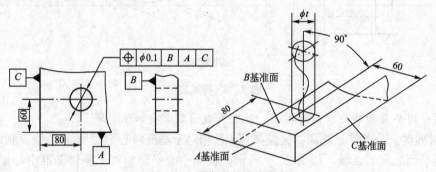

图 2.39 任意方向的位置度

注意:因公差带的形状为圆柱面,故公差数值前需要加注"ϕ"。

定位公差的几点说明如下。

① 定位公差的公差带相对于基准有确定的位置。

② 定位公差中，同轴度研究对象只为轴线；对称度研究对象为中心面、轴线、中心线；位置度研究对象为点、线、面。

③ 定位公差带具有综合控制被测要素位置、方向和形状的功能。如同轴度公差可同时控制被测轴线的直线度公差和相对于基准轴线的平行度公差。因此，对被测要素给出定位公差后，通常不再给出定向和形状公差要求。若功能需要对方向和形状精度有进一步要求时，可同时给出定向和形状公差要求，而且定向和形状公差数值要小于定位公差的公差数值。

④ 定位公差不能控制形成中心要素的轮廓的形状误差。如同轴度可控制轴线的直线度，但不能控制圆柱度。

（3）跳动公差。跳动公差是关联实际要素绕基准轴线旋转一周或若干次旋转时所允许的最大跳动量。跳动公差是按测量方式给出的公差项目，有圆跳动和全跳动两种。

由跳动公差的概念知，其研究对象为回转体。

① 圆跳动。圆跳动公差是被测要素在某一测量平面内绕基准轴线旋转一周时，指示器示值所允许的最大变动量，主要有径向圆跳动和端面圆跳动。

a. 径向圆跳动。公差带是在垂直于基准轴线的任一测量平面内半径差为公差数值 t 且圆心在基准轴线上的两同心圆之间的区域。如图 2.40 所示，ϕD 圆柱面相对于两 ϕd 圆柱面公共轴线有圆跳动公差要求，其公差带的形状为在任一测量平面内半径差为公差数值 0.04mm 且圆心在基准轴线上的两同心圆之间的区域。

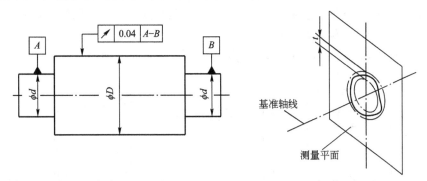

图 2.40 径向圆跳动

b. 端面圆跳动。公差带是在与基准同轴的任一直径位置的测量圆柱面上沿母线方向宽度为公差数值 t 的两圆之间的区域。如图 2.41 所示，零件左端面相对于 ϕd 圆柱轴线有圆跳动公差要求，其公差带形状为与 ϕd 圆柱轴线同轴的任一直径位置的测量圆柱面上沿母线方向宽度为公差数值 0.08mm 的两圆之间的区域。

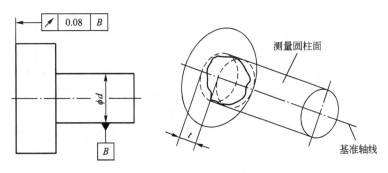

图 2.41 端面圆跳动

跳动公差带的圆心必须在基准轴线上，但其半径大小却可随被测要素实际轮廓位置的不同而改变，因此，圆跳动公差带的位置既有固定的性质，又有浮动的性质。

② 全跳动。圆跳动公差仅能反映单个测量平面内的误差情况，不能反映整个测量面的误差。全跳动是对整个表面的形位误差的综合控制。

全跳动公差是被测要素绕基准轴线做若干次旋转，同时指示器做平行或垂直于基准轴线的移动时，指示器所允许的最大变动量，主要有径向全跳动和端面全跳动。

a. 径向全跳动。公差带是半径差为公差数值 t 且与基准轴线同轴的两同心圆柱之间的区域。如图 2.42 所示，大圆柱面相对于两端小圆柱公共轴线有全跳动公差要求，其公差带的形状为半径差为公差数值 0.04mm 且与基准轴线同轴的两同心圆柱之间的区域。

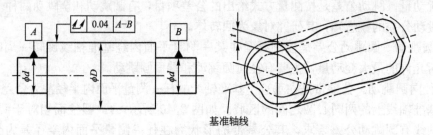

图 2.42　径向全跳动

b. 端面全跳动。公差带是距离为公差数值 t 且与基准轴线垂直的两平行平面之间的区域。如图 2.43 所示，零件右端面相对于 ϕd 圆柱面轴线有全跳动公差要求，其公差带形状为距离为公差数值 0.08mm 且与基准轴线垂直的两平行平面之间的区域。

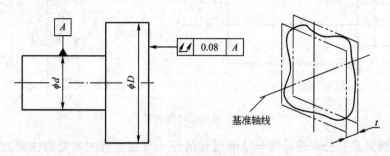

图 2.43　端面全跳动

跳动公差的几点说明如下。

① 全跳动公差带的位置与圆跳动公差带位置具有相同的性质，其大小都随被测实际表面的大小或位置随意变动。

② 径向全跳动公差带与圆柱度公差带的关系。其公差带形状都是半径差为公差数值 t 的两同轴圆柱面之间的区域，但是径向全跳动要求公差带必须与基准轴线同轴，而圆柱度公差带的轴线可随着实际的被测轮廓变动。径向全跳动可以控制圆柱度误差，也可控制同轴度误差。

③ 端面全跳动公差带与平面度公差带的关系。其公差带形状都是距离为公差数值 t 的两平行平面之间的区域，但是端面全跳动要求公差带必须与基准轴线垂直，而平面度公差带的方向可随着实际的被测轮廓变动。端面全跳动可以控制平面度误差，也可控制端面对轴线的垂直度误差。

④ 跳动公差可以同时控制形状、方向和位置误差，是一项综合的公差项目。在给定

公差数值相同的情况下,全跳动公差比圆跳动公差要求更严格。

5. 公差原则

为了保证机械零件使用功能和互换性要求,常常对要素同时提出尺寸公差要求和形位公差要求。尺寸公差和形位公差是两种不同性质的公差。通常情况下,它们彼此相互独立,但在一定条件下,也可以互相影响,互相补偿。因此,尺寸公差和形位公差之间就有了一定的关系,确定尺寸公差和形位公差之间相互关系的原则称为公差原则。

公差原则有独立原则和相关原则,其中独立原则是基本原则,相关原则又包括包容要求、最大实体要求、最小实体要求和可逆要求。

1) 有关公差原则的术语和定义

(1) 局部实际尺寸。局部实际尺寸是指在实际要素的任意正截面上,两对应点之间测得的距离,简称实际尺寸。内表面的实际尺寸用 D_a 表示,外表面的实际尺寸用 d_a 表示,如图 2.44 所示。

零件上各部位的实际尺寸往往不同。

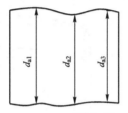
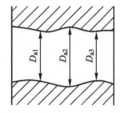

图 2.44 局部实际尺寸

(2) 体外作用尺寸。

孔的体外作用尺寸——在配合全长上,与实际孔体外相接的最大理想轴的直径,用符号 D_{fe} 表示,如图 2.45 所示。

从图 2.45 中可以分析出孔的体外作用尺寸与实际尺寸及形位误差之间的关系。即

$$D_{fe} = D_a - f_{形位} \tag{2-1}$$

轴的体外作用尺寸——在配合全长上,与实际轴体外相接的最小理想孔的直径,用符号 d_{fe} 表示,如图 2.46 所示。

从图 2.46 中可以分析出轴的体外作用尺寸与实际尺寸及形位误差之间的关系。即

$$d_{fe} = d_a + f_{形位} \tag{2-2}$$

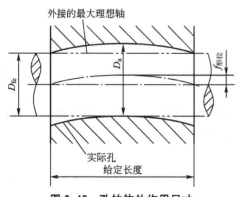
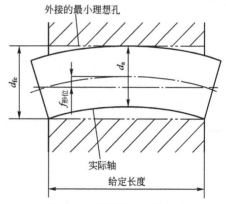

图 2.45 孔的体外作用尺寸　　图 2.46 轴的体外作用尺寸

体外作用尺寸实际上即为零件装配时起作用的尺寸。根据式(2-1)和式(2-2)，体外作用尺寸是由实际尺寸和形位误差综合形成的。

(3) 体内作用尺寸。

孔的体内作用尺寸——在配合全长上，与实际孔体内相接的最小理想轴的直径，用符号 D_{fi} 表示，如图 2.47 所示。

从图 2.47 中可以分析出孔的体内作用尺寸与实际尺寸及形位误差之间的关系。即

$$D_{fi}=D_a+f_{形位} \tag{2-3}$$

轴的体内作用尺寸——在配合全长上，与实际轴体内相接的最大理想孔的直径，用符号 d_{fi} 表示，如图 2.48 所示。

从图 2.48 中可以分析出轴的体内作用尺寸与实际尺寸及形位误差之间的关系。即

$$d_{fi}=d_a-f_{形位} \tag{2-4}$$

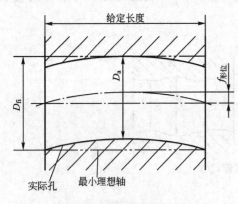

图 2.47 孔的体内作用尺寸

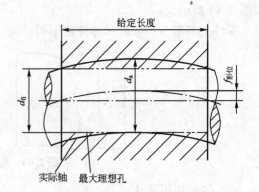

图 2.48 轴的体内作用尺寸

体内作用尺寸实际上即为对零件强度起作用的尺寸。根据式(2-3)和式(2-4)，体内作用尺寸也是由实际尺寸和形位误差综合形成的。

(4) 最大实体状态和最大实体尺寸。

最大实体状态——在给定长度上，处处位于极限尺寸之间并且实体最大时(占有材料最多)的状态，用符号 MMC 表示。

最大实体尺寸——最大实体状态下所对应的那个极限尺寸，用符号 MMS 表示。孔的最大实体尺寸用符号 D_M 表示；轴的最大实体尺寸用符号 d_M 表示。根据定义可知

$$D_M=D_{min} \tag{2-5}$$
$$d_M=d_{max} \tag{2-6}$$

(5) 最小实体状态和最小实体尺寸。

最小实体状态——在给定长度上，处处位于极限尺寸之间并且实体最小时(占有材料最少)的状态，用符号 LMC 表示。

最小实体尺寸——最小实体状态下所对应的那个极限尺寸，用符号 LMS 表示。孔的最小实体尺寸用符号 D_L 表示；轴的最小实体尺寸用符号 d_L 表示。根据定义可知

$$D_L=D_{max} \tag{2-7}$$
$$d_L=d_{min} \tag{2-8}$$

(6) 最大实体实效状态和最大实体实效尺寸。

最大实体实效状态——在给定长度上，实际要素处于最大实体状态且中心要素的形位误差等于给定的形位公差值时的综合极限状态，用符号 MMVC 表示。

最大实体实效尺寸——最大实体实效状态下所对应的体外作用尺寸，用符号 MMVS 表示。孔的最大实体实效尺寸用符号 D_{MV} 表示；轴的最大实体实效尺寸用符号 d_{MV} 表示。根据定义可知

$$D_{MV}=D_M-t=D_{min}-t \qquad (2-9)$$
$$d_{MV}=d_M+t=d_{max}+t \qquad (2-10)$$

【例 2-1-1】 试求出图 2.49 所示孔的的最大实体实效尺寸。

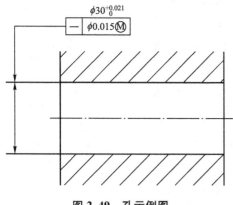

图 2.49 孔示例图

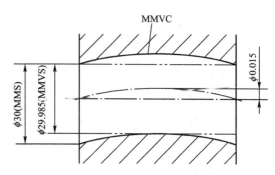

图 2.50 孔的最大实体实效尺寸

解：如图 2.50 所示，根据式(2-9)，该孔的最大实体实效尺寸为
$$D_{MV}=D_M-t=D_{min}-t=30-0.015=29.985(\text{mm})$$

（7）最小实体实效状态和最小实体实效尺寸。

最小实体实效状态——在给定长度上，实际要素处于最小实体状态且中心要素的形位误差等于给定的形位公差值时的综合极限状态，用符号 LMVC 表示。

最小实体实效尺寸——最小实体实效状态下所对应的体内作用尺寸，用符号 LMVS 表示。孔的最小实体实效尺寸用符号 D_{LV} 表示；轴的最小实体实效尺寸用符号 d_{LV} 表示。根据定义可知

$$D_{LV}=D_L+t=D_{max}+t \qquad (2-11)$$
$$d_{LV}=d_L-t=d_{min}-t \qquad (2-12)$$

【例 2-1-2】 试求出图 2.49 所示孔的最小实体实效尺寸。

解：如图 2.51 所示，根据式(2-11)，该孔的最小实体实效尺寸为
$D_{LV}=D_L+t=D_{max}+t=30.021+0.015$
$=30.036(\text{mm})$

（8）边界。边界是设计时给定的具有理想形状的极限包容面。孔的理想边界是一个理想轴；轴的理想边界是一个理想孔。

边界用于综合控制实际要素的尺寸和形位误差。根据零件的功能及经济性要求，可以给出如下边界。

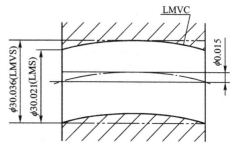

图 2.51 孔的最小实体实效尺寸

① 最大实体边界——最大实体尺寸的边界,用符号 MMB 表示。
② 最小实体边界——最小实体尺寸的边界,用符号 LMB 表示。
③ 最大实体实效边界——最大实体实效尺寸的边界,用符号 MMVB 表示。
④ 最小实体实效边界——最小实体实效尺寸的边界,用符号 LMVB 表示。

为方便记忆,将有关公差原则的术语、表示符号和公式列在表2-2中。

表2-2 公差原则术语、对应符号和公式

术 语	符号和公式	术 语	符号和公式
孔的体外作用尺寸	$D_{fe}=D_a-f_{形位}$	孔的最小实体尺寸	$D_L=D_{max}$
轴的体外作用尺寸	$d_{fe}=d_a+f_{形位}$	轴的最小实体尺寸	$d_L=d_{min}$
孔的体内作用尺寸	$D_{fi}=D_a+f_{形位}$	最大实体实效状态	MMVC
轴的体内作用尺寸	$d_{fi}=d_a-f_{形位}$	最大实体实效尺寸	MMVS
最大实体状态	MMC	最大实体实效边界	MMVB
最大实体尺寸	MMS	孔的最大实体实效尺寸	$D_{MV}=D_M-t$
最大实体边界	MMB	轴的最大实体实效尺寸	$d_{MV}=d_M+t$
孔的最大实体尺寸	$D_M=D_{min}$	最小实体实效状态	LMVC
轴的最大实体尺寸	$d_M=d_{max}$	最小实体实效尺寸	LMVS
最小实体状态	LMC	最小实体实效边界	LMVB
最小实体尺寸	LMS	孔的最小实体实效尺寸	$D_{LV}=D_L+t$
最小实体边界	LMB	轴的最小实体实效尺寸	$d_{LV}=d_L-t$

【例2-1-3】 如图2.52所示,测得轴的实际尺寸 $d_a=19.98$mm,其轴线的直线度误差为0.009mm。试求出该轴的最大实体尺寸、最小实体尺寸、体外作用尺寸、体内作用尺寸、最大实体实效尺寸和最小实体实效尺寸。

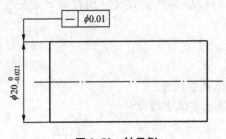

图2.52 轴示例

解:根据公式(2-6),轴的最大实体尺寸:$d_M=d_{max}=20$mm。

根据公式(2-8),轴的最小实体尺寸:$d_L=d_{min}=20+(-0.021)=19.979$(mm)。

根据公式(2-2),轴的体外作用尺寸:$d_{fe}=d_a+f_{形位}=19.98+0.009=19.989$(mm)。

根据公式(2-4),轴的体内作用尺寸:$d_{fi}=d_a-f_{形位}=19.98-0.009=19.971$(mm)。

根据公式(2-10),轴的最大实体实效尺寸:$d_{MV}=d_M+t=20+0.01=20.01$(mm)。

根据公式(2-12),轴的最小实体实效尺寸:$d_{LV}=d_L-t=19.979-0.01=19.969$(mm)。

2)独立原则

(1)独立原则的含义。独立原则是指图样上给定的每一个尺寸和形状、位置公差要求均是独立的,应分别满足要求的公差原则。独立原则是尺寸公差和形位公差相互关系遵循的基本原则。

(2) 独立原则的标注。遵守独立原则的公差要求不需要在图样上特别注明，单独标注即可。

如图 2.52 所示，图样上标注的尺寸公差为 $\phi 20_{-0.021}^{0}$ mm，其仅限制该轴的实际尺寸，不管轴线是否弯曲，各局部实际尺寸只能在 $19.979 \sim 20$ mm 的范围内变动；图样上标注的形位公差为轴线的直线度公差数值为 0.01，其仅限制该轴轴线的直线度误差不能超过 0.01mm，不管其实际尺寸如何变动。

(3) 独立原则的特点。

① 尺寸公差仅控制被测要素的局部实际尺寸，不能控制形位误差。

② 给出的形位公差为定值，不随被测要素的实际尺寸的变化而变化。

(4) 独立原则的应用。独立原则的适用范围较广，对于尺寸公差、形位公差二者要求都严、一严一松、二者都松的情况下，使用独立原则都能满足要求。例如，印刷机滚筒形位公差要求严、尺寸公差要求松；通油孔尺寸公差要求严、形位公差要求松；连杆的小头孔尺寸公差、形位公差二者要求都严。

3) 包容要求

(1) 包容要求的含义。包容要求是指被测要素处处位于具有理想形状的包容面内，该理想形状的尺寸为最大实体尺寸，其局部实际尺寸不得超出最小实体尺寸。

(2) 包容要求的标注。采用包容要求时，必须在图样上尺寸公差带或公差值后面加注符号Ⓔ，如图 2.53 所示。

(3) 包容要求的特点。包容要求遵守的理想边界为最大实体边界。

① 被测要素实际尺寸均为最大实体尺寸时，不允许有任何的形状误差。

图 2.53 包容要求

② 被测要素实际尺寸偏离最大实体尺寸时，允许有形状误差，允许的形状误差为尺寸的偏离量(实际尺寸偏离最大实体尺寸多少就补偿给形位误差多少)，即

$$t = |\text{MMS} - D_a(d_a)| \tag{2-13}$$

③ 被测要素实际尺寸均为最小实体尺寸时，允许的形位误差达到最大值(实际尺寸偏离最大实体尺寸的幅度最大)，其最大值等于尺寸公差。

由此可见，尺寸公差不仅限制了要素的实际尺寸，还控制了要素的形状误差。

(4) 包容要求的应用。包容要求只适用于处理单一要素，主要用于保证配合性质的场合，特别是配合公差较小的精密配合。例如，滚动轴承内圈与轴颈的配合，采用包容要求可以提高轴颈的尺寸精度，保证其严格的配合性质，确保滚动轴承运转灵活。

【例 2-1-4】 试述图 2.53 标注的含义。

解：该轴采用了包容要求，其最大实体边界为直径等于 $\phi 50$mm 的理想圆柱面，实际轮廓必须控制在该边界范围内。

① 当其实际尺寸均为最大实体尺寸 $\phi 50$mm 时，其形状误差为零。

② 当其实际尺寸偏离最大实体尺寸 $\phi 50$mm 时，允许有形状误差，误差允许值等于尺寸的偏离值，即 $t = |50 - d_a|$ (mm)。

③ 当其实际尺寸为最小实体尺寸 $\phi 49.975$mm 时，允许的形状误差达到最大值，最大允许值等于尺寸公差值，即 $t = 0.025$mm。

4）最大实体要求

（1）最大实体要求的含义。最大实体要求是控制被测要素的实际轮廓处处不得超越最大实体实效边界的一种公差原则。当被测要素的局部实际尺寸偏离最大实体尺寸时，允许其形位误差超出给定的公差值。

（2）最大实体要求的标注。当最大实体要求应用于被测要素时，应在形位公差框格中的形位公差数值后加注符号Ⓜ，如图2.54所示；当最大实体要求应用于基准要素时，应在形位公差框格中的基准字母后加注符号Ⓜ，如图2.55所示。

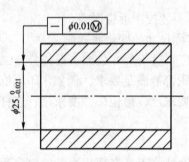

图2.54 最大实体要求应用于被测要素

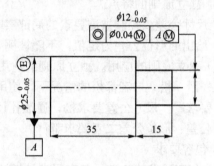

图2.55 最大实体要求应用于基准要素

（3）最大实体要求应用于被测要素。被测要素的实际轮廓的理想边界为最大实体实效边界。

① 被测要素实际尺寸均为最大实体尺寸时，形位误差的允许值为给定的公差值。

② 被测要素实际尺寸偏离最大实体尺寸时，尺寸的偏离量转化为增加的形位误差允许值，即

$$t_{增} = |\text{MMS} - D_a(d_a)| \tag{2-14}$$

此时，实际的形位误差值为 $t = t_{给定} + t_{增}$。

③ 被测要素实际尺寸均为最小实体尺寸时，增加的形位误差允许值达到最大值，其最大值等于尺寸公差 $T_{尺寸}$，此时，实际的形位误差允许值值为 $t = t_{给定} + T_{尺寸}$。

【例2-1-5】 试述图2.54标注的含义。

解：图中 $\phi 25_{-0.021}^{0}$ mm 孔轴线采用了最大实体要求。其最大实体实效尺寸为 $D_{MV} = D_{min} - t = (25 - 0.021) - 0.01 = 24.969$ (mm)，故其最大实体实效边界是一个直径为 $\phi 24.969$ mm 的理想圆柱面(孔)，实际轮廓必须控制在该边界范围内。

① 当孔的实际尺寸均为最大实体尺寸 $\phi 24.979$ mm 时，孔轴线的直线度误差的允许值为 0.01mm。

② 当孔的实际尺寸偏离最大实体尺寸 $\phi 24.979$ mm 时，则尺寸偏离量转换为增加的直线度误差允许值，$t_{增} = |24.979 - D_a|$，此时孔直线度的实际误差的允许值为 $t = 0.01 + t_{增}$。

③ 当孔的实际尺寸均为最小实体尺寸 $\phi 25$ mm 时，增加的直线度误差允许值达到最大值，即 $t_{增} = T_{尺寸} = 0.021$ mm，此时孔直线度的实际误差的允许值 $t = 0.01 + 0.021 = 0.031$ mm。

（4）最大实体要求应用于基准要素。最大实体要求用于基准要素时，基准应遵守其对应的边界。若基准的实际轮廓处于边界尺寸时，基准要素不允许浮动；若基准要素实际轮廓偏离边界尺寸时，基准要素允许浮动。

【例2-1-6】 试述图2.55标注的含义。

解： 图中被测要素 $\phi 12_{-0.05}^{0}$ mm 圆柱轴线和基准要素 $\phi 25_{-0.05}^{0}$ mm 圆柱轴线都采用了最大实体要求。

被测要素的最大实体实效尺寸为 $d_{MV}=d_{max}+t=12+0.04=12.04$ (mm)，故其最大实体实效边界是一个直径为 $\phi 12.04$ mm 的理想圆柱面，实际轮廓必须控制在该边界范围内；基准要素的最大实体尺寸为 $d_M=25$ mm，故其最大实体边界是一直径为 $\phi 25$ mm 的理想圆柱面，实际轮廓必须控制在该边界范围内。

① 当 $\phi 12$ mm 轴的实际尺寸均为最大实体尺寸 $\phi 12$ mm 时，其同轴度位置误差的允许值为 0.04mm。

② 当 $\phi 12$ mm 轴的实际尺寸偏离最大实体尺寸 $\phi 12$ mm 时，则尺寸偏离量转换为增加的同轴度误差允许值，$t_{增}=|12-d_a|$，此时其同轴度的实际误差的允许值为 $t=0.04+t_{增}$。

③ 当 $\phi 12$ mm 轴的实际尺寸均为最小实体尺寸 $\phi 11.95$ mm 时，增加的同轴度误差允许值达到最大值，即 $t_{增}=T_{尺寸}=0.05$ mm，此时其同轴度的实际误差的允许值 $t=0.04+0.05=0.09$ mm。

④ 当基准 A 的实际尺寸均为最大实体尺寸 $\phi 25$ mm 时，基准轴线不允许浮动，而处于图样上给出的理想位置上。

⑤ 当基准 A 的实际尺寸偏离最大实体尺寸 $\phi 25$ mm 时，基准轴线允许浮动，浮动的范围等于尺寸的偏离量，即 $t=|25-d_a|$。

⑥ 当基准 A 的实际尺寸均为最小实体尺寸 $\phi 24.95$ mm 时，基准轴线浮动范围达到最大值，其最大值等于尺寸公差，即 $t=T_{尺寸}=0.05$ mm。

由上可知，基准要素本身不采用最大实体要求。遵守独立原则或包容要求时，基准要素本身应遵守最大实体边界。当基准要素本身采用最大实体要求时，基准代号只能标注在基准要素公差框格的下方，而不能将基准代号与基准要素的尺寸线对齐，如图2.56所示。

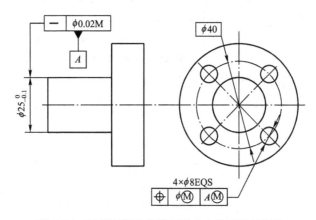

图2.56 基准要素本身采用最大实体要求的标注

(5) 最大实体要求的应用。最大实体要求只能用于被测中心要素或基准中心要素，主要用来保证零件的可装配性。例如，轴承盖上用于联结螺钉的通孔等。

5) 最小实体要求

(1) 最小实体要求的含义。最小实体要求是控制被测要素的实际轮廓处处不得超越最小实体实效边界的一种公差原则。当被测要素的局部实际尺寸偏离最小实体尺寸时，允许其形位误差超出给定的公差值。

(2) 最小实体要求的标注。当最小实体要求应用于被测要素时,应在形位公差框格中的形位公差数值后加注符号Ⓛ,如图 2.57(a)所示;当最小实体要求应用于基准要素时,应在形位公差框格中的基准字母后加注符号Ⓛ,如图 2.57(b)所示。

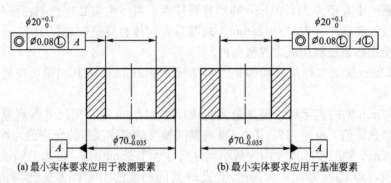

(a) 最小实体要求应用于被测要素　　　　(b) 最小实体要求应用于基准要素

图 2.57　最小实体要求标注

(3) 最小实体要求应用于被测要素。被测要素的实际轮廓的理想边界为最小实体实效边界。

① 被测要素实际尺寸均为最小实体尺寸时,形位误差的允许值为给定的公差值。

② 被测要素实际尺寸偏离最小实体尺寸时,尺寸的偏离量转化为增加的形位误差允许值,即

$$t_{增} = |\text{LMS} - D_a(d_a)| \tag{2-15}$$

此时,实际的形位误差允许值为 $t = t_{给定} + t_{增}$。

③ 被测要素实际尺寸均为最大实体尺寸时,增加的形位误差允许值达到最大值,其最大值等于尺寸公差 $T_{尺寸}$,此时,实际的形位误差允许值为 $t = t_{给定} + T_{尺寸}$。

【例 2-1-7】 试述图 2.57(a)标注的含义。

解: 图中 $\phi 20^{+0.1}_{0}$ mm 孔轴线采用了最小实体要求。其最小实体实效尺寸为 $D_{LV} = D_{max} + t = (20+0.1) + 0.08 = 20.18$ (mm),故其最小实体实效边界是一个直径为 $\phi 20.18$ mm 的理想圆柱面,实际轮廓必须控制在该边界范围内。

① 当孔的实际尺寸均为最小实体尺寸 $\phi 20.1$ mm 时,孔轴线的同轴度误差的允许值为 0.08 mm。

② 当孔的实际尺寸偏离最小实体尺寸 $\phi 20.1$ mm 时,则尺寸偏离量转换为增加的同轴度误差允许值,$t_{增} = |20.1 - D_a|$,此时孔同轴度的实际误差的允许值为 $t = 0.08 + t_{增}$。

③ 当孔的实际尺寸均为最大实体尺寸 $\phi 20$ mm 时,增加的同轴度误差允许值达到最大值,即 $t_{增} = T_{尺寸} = 0.1$ mm,此时孔同轴度的实际误差的允许值 $t = 0.08 + 0.1 = 0.18$ mm。

(4) 最小实体要求应用于基准要素。

最小实体要求用于基准要素时,基准应遵守其对应的边界。若基准的实际轮廓处于边界尺寸时,基准要素不允许浮动;若基准要素实际轮廓偏离边界尺寸时,基准要素允许浮动。

【例 2-1-8】 试述图 2.57(b)标注的含义。

解: 图中被测要素 $\phi 20^{+0.1}_{0}$ mm 孔轴线和基准要素 $\phi 70^{0}_{-0.035}$ mm 圆柱轴线都采用了最小实体要求。

被测要素的最小实体实效尺寸为 $D_{LV}=D_{\max}+t=(20+0.1)+0.08=20.18(\mathrm{mm})$，故其最小实体实效边界是一个直径为 $\phi20.18\mathrm{mm}$ 的理想圆柱面，实际轮廓必须控制在该边界范围内；基准要素的最小实体尺寸为 $d_L=70-0.035=69.965(\mathrm{mm})$，故其最小实体边界是一直径为 $\phi69.965\mathrm{mm}$ 的理想圆柱面，实际轮廓必须控制在该边界范围内。

① 当孔的实际尺寸均为最小实体尺寸 $\phi20.1\mathrm{mm}$ 时，孔轴线的同轴度误差的允许值为 $0.08\mathrm{mm}$。

② 当孔的实际尺寸偏离最小实体尺寸 $\phi20.1\mathrm{mm}$ 时，则尺寸偏离量转换为增加的同轴度误差值，$t_{增}=|20.1-D_a|$，此时孔同轴度的实际误差的允许值为 $t=0.08+t_{增}$。

③ 当孔的实际尺寸均为最大实体尺寸 $\phi20\mathrm{mm}$ 时，增加的同轴度误差达到最大值，即 $t_{增}=T_{尺寸}=0.1\mathrm{mm}$，此时孔同轴度的实际误差的允许值 $t=0.08+0.1=0.18\mathrm{mm}$。

④ 当基准 A 的实际尺寸均为最小实体尺寸 $\phi69.965\mathrm{mm}$ 时，基准轴线不允许浮动，处于图样上给出的理想位置上。

⑤ 当基准 A 的实际尺寸偏离最小实体尺寸 $\phi69.965\mathrm{mm}$ 时，基准轴线允许浮动，浮动的范围等于尺寸的偏离量，即 $t=|69.965-d_a|$。

⑥ 当基准 A 的实际尺寸均为最大实体尺寸 $\phi70\mathrm{mm}$ 时，基准轴线浮动范围达到最大值，其最大值等于尺寸公差，即 $t=T_{尺寸}=0.035\mathrm{mm}$。

由上可知，基准要素本身不采用最小实体要求，遵守独立原则或包容要求时，基准要素本身应遵守最小实体边界要求。当基准要素本身采用最小实体要求时，基准代号只能标注在基准要素公差框格的下方，而不能将基准代号与基准要素的尺寸线对齐，如图 2.58 所示。

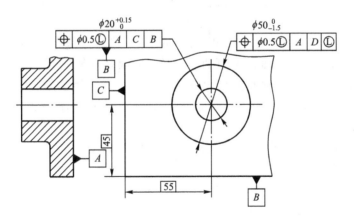

图 2.58 基准要素本身采用最小实体要求的标注

(5) 最小实体要求的应用。最小实体要求只能用于被测中心要素或基准中心要素，主要用来保证零件的最小强度和壁厚。例如，空心的圆柱凸台、带孔的小垫圈等。

6) 可逆要求

(1) 可逆要求的含义。当中心要素的形位误差值小于给出的形位公差值时，允许在满足零件功能要求的前提下扩大该中心要素的轮廓要素的尺寸公差，即形位公差值反过来补偿给尺寸公差。

可逆要求不存在单独使用的情况，通常与最大实体要求或最小实体要求一起使用。例如，当它叠用于最大实体要求时，保留了最大实体要求时由于实际尺寸对最大实体尺寸的偏离而对形位公差的补偿，增加了由于形位误差值小于形位公差值而对尺寸公差的补偿（俗称反补偿），允许实际尺寸有条件地超出最大实体尺寸（以实效尺寸为限）。

（2）可逆要求的标注。可逆要求用符号®表示，标注时将符号®置于被测要素形位公差数值后的Ⓜ和Ⓛ符号后，如图 2.59 所示。

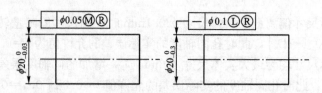

图 2.59　可逆要求标注

（3）可逆要求的特点。可逆要求用于最大实体要求或最小实体要求时，并不改变它们原有的含义，仍应遵守最大实体实效边界或最小实体实效边界，但在形位误差小于图样上给定的形位公差值时，允许尺寸公差增大，这样可为根据零件功能分配尺寸公差和形位公差提供方便。

【例 2-1-9】　试述图 2.59 中，可逆要求用于最大实体要求示例。

解：图中 $\phi 20_{-0.03}^{\ 0}$ mm 轴线采用了最大实体要求和可逆要求。其最大实体实效尺寸为 $d_{MV}=d_{max}+t=20+0.05=20.05(\text{mm})$，故其最大实体实效边界是一个直径为 $\phi 20.05$mm 的理想圆柱面，实际轮廓必须控制在该边界范围内。

① 当轴的实际尺寸均为最大实体尺寸 $\phi 20$mm 时，轴线直线度误差的允许值为 0.05mm。

② 当轴的实际尺寸偏离最大实体尺寸 $\phi 20$mm 时，则尺寸偏离量转换为增加的直线度误差允许值，$t_{增}=|20-d_a|$，此时轴线直线度的实际误差的允许值为 $t=0.05+t_{增}$。

③ 当轴的实际尺寸均为最小实体尺寸 $\phi 19.97$mm 时，增加的直线度误差允许值达到最大值，即 $t_{增}=T_{尺寸}=0.03$mm，此时轴线直线度的实际误差的允许值 $t=0.05+0.03=0.08$mm。

④ 当轴线的直线度误差小于给定的公差数值 0.05mm 时，减小的直线度误差值补偿给尺寸公差，此时轴的实际尺寸为 $d_a=20+t_{减小}$。

⑤ 当轴线的直线度误差为零时，补偿给尺寸的公差达到最大值，此时轴的实际尺寸为 $d_a=20+0.05=20.05$mm。

2.1.4　实训项目

1. 实训目的

通过实训，能够熟练准确地读懂图样的形位公差标注，加深对公差带形状及公差意义的理解。

2. 实训内容

（1）识读图 2.60 所示齿轮所标注的形位公差的含义。

（2）识读图 2.61 所示套筒所标注的形位公差的含义。

项目2 形位公差的标注与选择

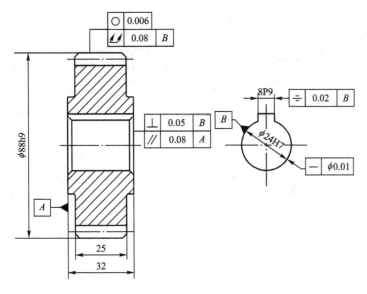

图 2.60 齿轮形位公差标注示例

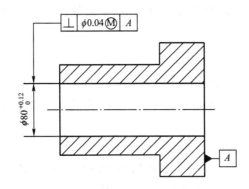

图 2.61 套筒形位公差标注示例

任务 2.2 形位公差的选择

2.2.1 任务描述

图 2.62 所示为某变速箱的输入轴,为保证其功能要求,试对其提出合理的形位公差要求,完成以下任务。

(1) 选择形位公差项目。
(2) 确定公差数值。
(3) 选择形位公差项目基准。
(4) 选择公差原则。
(5) 按标准规定,将设计的形位公差要求标注到图样上。

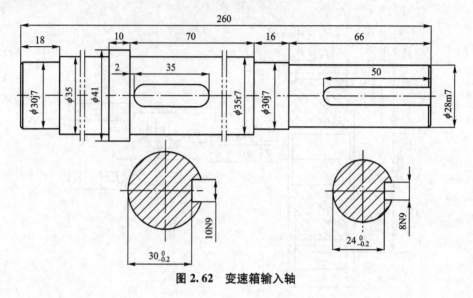

图 2.62 变速箱输入轴

2.2.2 任务实施

根据图 2.62 所示输入轴的结构特征和功能要求等,对其进行形位公差设计,具体过程如下。

1. $\phi30j7$ 圆柱面

从使用要求分析,两处 $\phi30j7$ 圆柱面是该输入轴的支承轴颈,用以安装滚动轴承,其轴线是输入轴的装配基准,考虑基准统一的原则,故应以输入轴安装时的两个 $\phi30j7$ 圆柱面的公共轴线作为设计基准。

为了保证输入轴及轴承配合之后工作运转灵活,两处 $\phi30j7$ 圆柱面轴线之间应有同轴度公差要求,但从检测的可能性与经济性分析,可用径向圆跳动公差代替同轴度公差。参照表 2-11,确定公差等级为 7 级;查表 2-6,确定其公差数值为 0.015mm。

两处 $\phi30j7$ 圆柱面是与滚动轴承内圈配合的重要表面,为了保证其配合性质和轴承的几何精度,在采用包容要求的前提下,又进一步提出圆柱度公差的要求。查表 2-9,确定公差等级为 6 级;查表 2-4,确定公差数值为 0.004mm。

2. $\phi35r7$ 圆柱面和 $\phi28m7$ 圆柱面

$\phi35r7$ 圆柱面和 $\phi28m7$ 圆柱面分别用于安装齿轮和带轮,为了保证配合性质,均采用了包容要求。

$\phi35r7$ 圆柱面和 $\phi28m7$ 圆柱面的轴线分别是齿轮和带轮的装配基准,为保证齿轮的正确啮合和运转平稳,均提出了相对于两处 $\phi30j7$ 圆柱面公共轴线的径向圆跳动公差。参照表 2-11,确定其公差等级均为 7 级;查表 2-6,确定其公差数值分别为 0.020mm 和 0.015mm。

3. 轴肩

$\phi35mm$ 圆柱面的左端面、$\phi41mm$ 圆柱面的右端面、$\phi35r7$ 圆柱面的右端面分别是轴承和齿轮的轴向定位基准,为保证轴向定位准确可靠,考虑检测方便,采用了统一的基准,即对两处 $\phi30j7$ 圆柱面的公共轴线,均提出了相对于两处 $\phi30j7$ 圆柱面公共轴线的端面圆跳动公差要求。参照表 2-11，确定其公差等级均为 6 级；查表 2-6，确定其公差数值分别为 0.01mm、0.012mm 和 0.01mm。

4. 键槽

φ35r7 圆柱面平键槽和 φ28m7 圆柱面开口键槽分别用来连接齿轮和带轮，实现运动的传递。为了保证运动的稳定性，均提出了相对于各自所在圆柱面轴线的对称度公差要求。参照表 2-11，确定其公差等级为 9 级；查表 2-6，确定其公差数值为 0.03mm。

5. 其他要素

图样上没有具体注明形位公差的要素，由未注形位公差来控制。对于这部分公差，一般机床加工都容易保证，故不必在图样上注出。

将设计好的形位公差要求标注到图样上，如图 2.63 所示。

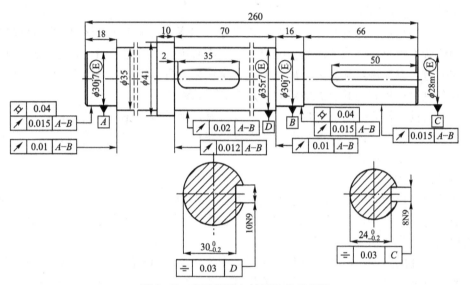

图 2.63 变速箱输入轴形位公差标注

2.2.3 知识链接

正确合理地选用形位公差项目，合理确定形位公差数值，不仅直接反映产品质量和寿命，而且关系到零件的加工难易程度和成本，对实现零件的互换性，有着十分重要的意义。

形位公差的选择主要包括形位公差项目的选择、公差数值（或公差等级）的选择、形位公差基准的选择和公差原则的选用等。

1. 形位公差项目的选择

选择形位公差项目的基本原则是：在保证零件使用功能的前提下，尽量减少形位公差项目的数量，并尽量简化控制形位误差的方法。

选择时，可以主要考虑以下几个方面。

1) 零件的功能要求

零件的功能要求是选择形位公差项目的重要依据之一。要认真分析零件重要部位的功能要求，确定是否要标注形位公差，应该标注哪些形位公差项目。

例如：机床导轨的直线度误差会影响与其结合零件的运动精度，应对机床导轨规定直线度公差；机床主轴会影响机床的旋转精度，需对轴颈规定同轴度公差或径向跳动公差，对主轴端面提出端面圆(或全)跳动公差的要求；减速器各轴承孔轴线间的平行度误差影响齿轮的啮合精度和齿侧间隙的均匀性，可对其轴线规定平行度公差要求。

2) 零件的几何特征

零件的几何特征是选择形位公差项目的另一重要依据。零件的几何特征不同，会产生不同的形位误差，选择时，需具体情况具体分析。

例如：圆柱形零件可规定圆度、圆柱度公差；阶梯轴、孔类零件可规定同轴度公差；平面零件可规定平面度公差；窄长平面可规定直线度公差；槽类零件可规定对称度公差；圆锥形零件可规定圆度公差、母线的直线度公差等。

3) 形位公差项目的特点

选择时，应尽量选择具有综合控制功能的形位公差项目以减少形位公差项目的数量。若标注的综合性项目，已能够满足功能要求，则不必再标注其他项目，以避免提出重复要求。定向公差可以控制与其有关的形状误差；定位公差可以控制与其有关的定向和形状误差；跳动公差可以控制与其有关的定向、定位和形状误差。

例如：对同一被测要素，若标注了圆柱度公差，则不再标注圆度公差；若标注了径向全跳动公差，则不再标注圆柱度公差和同轴度公差；若标注了端面全跳动公差，则不再标注平面度公差和垂直度公差等。

4) 检测的方便性

应从现有的检测条件(有无相应的测量设备，测量的难易程度，测量效率是否与生产批量相适应等)来考虑形位公差项目的选择。在满足功能要求的前提下，应尽量选用简便易行的检测项目代替测量难度较大的项目。

例如：用径向圆(或全)跳动公差代替同轴度公差；用端面圆(或全)跳动公差代替端面对轴线的垂直度公差；用径向全跳动公差代替圆柱度公差，或用圆度、素线的直线度及平行度公差代替圆柱度公差等。

5) 参考相关的专业标准

确定形位公差项目时也要参考有关专业标准的规定。

例如：单键、花键、齿轮等标准对相关的零部件的形位公差有相应的要求和规定；与滚动轴承配合的壳体孔和轴颈的形位公差项目，在滚动轴承标准中也有规定。

2. 形位公差等级(数值)的确定

1) 形位公差等级和公差数值

国家标准中规定，形位公差的14个项目中，除了线轮廓度和面轮廓度两个公差项目没有规定公差等级外，其余12个项目都划分了公差等级。

其中，直线度和平面度公差划分了12个等级(1～12级)，其公差等级及对应的公差数值见表2-3；圆度和圆柱度公差划分为13个等级(0、1～12级)，其公差等级及对应的公差数值见表2-4；平行度、垂直度和倾斜度公差划分了12个等级(1～12级)，其公差等级及对应的公差数值见表2-5；同轴度、对称度、圆跳动和全跳动公差划分了12个等级(1～12级)，其公差等级及对应的公差数值见表2-6；位置度公差只规定了数系，见表2-7。

表 2-3 直线度、平面度公差数值表　　　　　　　　　　（单位：μm）

主参数 L/mm	公差等级											
	1	2	3	4	5	6	7	8	9	10	11	12
≤10	0.2	0.4	0.8	1.2	2	3	5	8	12	20	30	60
>10~16	0.25	0.5	1	1.5	2.5	4	6	10	15	25	40	80
>16~25	0.3	0.6	1.2	2	3	5	8	12	20	30	50	100
>25~40	0.4	0.8	1.5	2.5	4	6	10	15	25	40	60	120
>40~63	0.5	1	2	3	5	8	12	20	30	50	80	150
>63~100	0.6	1.2	2.5	4	6	10	15	25	40	60	100	200
>100~160	0.8	1.5	3	5	8	12	20	30	50	80	120	250
>160~250	1	2	4	6	10	15	25	40	60	100	150	300
>250~400	1.2	2.5	5	8	12	20	30	50	80	120	200	400
>400~630	1.5	3	6	10	15	25	40	60	100	150	250	500
>630~1000	2	4	8	12	20	30	50	80	120	200	300	600

注：主参数 L 为轴、直线、平面的长度。

表 2-4 圆度、圆柱度公差数值表　　　　　　　　　　（单位：μm）

主参数 D(d)/mm	公差等级												
	0	1	2	3	4	5	6	7	8	9	10	11	12
≤1	0.1	0.2	0.3	0.5	0.8	1.2	2	3	4	6	10	14	25
>3~6	0.1	0.2	0.4	0.6	1	1.5	2.5	4	5	8	12	18	30
>6~10	0.12	0.25	0.4	0.6	1	1.5	2.5	4	6	9	15	22	36
>10~18	0.15	0.25	0.5	0.8	1.2	2	3	5	8	11	18	27	43
>18~30	0.2	0.3	0.6	1	1.5	2.5	4	6	9	13	21	33	52
>30~50	0.25	0.4	0.6	1	1.5	2.5	4	7	11	16	25	39	62
>50~80	0.3	0.5	0.8	1.2	2	3	5	8	13	19	30	46	74
>80~120	0.4	0.6	1	1.5	2.5	4	6	10	15	22	35	54	87
>120~180	0.6	1	1.2	2	3.5	5	8	12	18	25	40	63	100
>180~250	0.8	1.2	2	3	4.5	7	10	14	20	29	46	72	115
>250~315	1.0	1.6	2.5	4	6	8	12	16	23	32	52	81	130
>315~400	1.2	2	3	5	7	9	13	18	25	36	57	89	140
>400~500	1.5	2.5	4	6	8	10	15	20	27	40	63	97	155

注：主参数 D(d) 为孔（轴）的直径。

表 2-5 平行度、垂直度、倾斜度公差数值表　　　　（单位：μm）

主参数 L、D(d)/mm	公差等级											
	1	2	3	4	5	6	7	8	9	10	11	12
≤10	0.4	0.8	1.5	3	5	8	12	20	30	50	80	120
>10~16	0.5	1	2	4	6	10	15	25	40	60	100	150
>16~25	0.6	1.2	2.5	5	8	12	20	30	50	80	120	200
>25~40	0.8	1.5	3	6	10	15	25	40	60	100	150	250
>40~63	1	2	4	8	12	20	30	50	80	120	200	300
>63~100	1.2	2.5	5	10	15	25	40	60	100	150	250	400
>100~160	1.5	3	6	12	20	30	50	80	120	200	300	500
>160~250	2	4	8	15	25	40	60	100	150	250	400	600
>250~400	2.5	5	10	20	30	50	80	120	200	300	500	800
>400~630	3	6	12	25	40	60	100	150	250	400	600	1000
>630~1000	4	8	15	30	50	80	120	200	300	500	800	1200

注：① 主参数 $D(d)$ 为给定面对线的垂直度时，被测要素孔（轴）的直径；
② 主参数 L 为给定平行度时轴线或平面的长度，给定线对面的垂直度、倾斜度时，被测要素的长度。

表 2-6 同轴度、对称度、圆跳动、全跳动公差数值表　　　　（单位：μm）

主参数 D(d)、B、L/mm	公差等级											
	1	2	3	4	5	6	7	8	9	10	11	12
≤1	0.4	0.6	1.0	1.5	2.5	4	6	10	15	25	40	60
>1~3	0.4	0.6	1.0	1.5	2.5	4	6	10	20	40	60	120
>3~6	0.5	0.8	1.2	2	3	5	8	12	25	50	80	150
>6~10	0.6	1	1.5	2.5	4	6	10	15	30	60	100	200
>10~18	0.8	1.2	2	3	5	8	12	20	40	80	120	250
>18~30	1	1.5	2.5	4	6	10	15	25	50	100	150	300
>30~50	1.2	2	3	5	8	12	20	30	60	120	200	400
>50~120	1.5	2.5	4	6	10	15	25	40	80	150	250	500
>120~250	2	3	5	8	12	20	30	50	100	200	300	600
>250~500	2.5	4	6	10	15	25	40	60	120	250	400	800

注：1. 主参数 $D(d)$ 为给定同轴度、圆跳动、全跳动时，孔（轴）的直径。
2. 圆锥体斜向圆跳动公差的主参数为平均直径。
3. 主参数 B 为给定对称度时槽的宽度。
4. 主参数 L 为给定两孔的对称度时孔的中心距。

表2-7 位置度公差数系表

1	1.2	1.5	2	2.5	3	4	5	6	8
1×10^n	1.2×10^n	1.5×10^n	2×10^n	2.5×10^n	3×10^n	4×10^n	5×10^n	6×10^n	8×10^n

注：n 为正整数。

2）形位公差等级（数值）的选用原则

形位公差等级（数值）的选用原则是在满足零件功能要求的前提下，考虑工艺经济性和检测条件，选取最经济的公差等级（数值）。

根据零件的功能要求、结构、刚性和加工的经济性等条件，形位公差等级（数值）的确定常用类比法。即根据长期积累的实践经验及有关资料，参考同类产品、类似零件来选择形位公差等级（数值）。

在按照表2-3～表2-7确定要素的公差数值时，还应考虑以下几方面因素。

（1）同一要素给出的形状公差数值要小于定向的位置公差数值，定向的位置公差数值小于定位的位置公差数值，位置公差数值小于尺寸公差数值，即 $T_{形状}<T_{定向}<T_{定位}<T_{尺寸}$。如要求平行的两个平面，其平面度公差数值要小于平行度公差数值等。

（2）同一要素必须规定多项形位公差时，综合公差项目数值大于单一公差项目数值。如：圆柱度公差数值大于圆度公差数值；平面度公差数值大于直线度公差数值；全跳动公差数值大于圆跳动公差数值等。

（3）平行度公差值应小于其相应的距离公差值。

（4）考虑到加工的难易程度和除主参数外其他因素的影响，对于下列情况，在满足功能要求下，可适当降低1～2级选用。

① 孔相对于轴。
② 细长的孔或轴。
③ 距离较大的孔或轴。
④ 宽度较大（一般大于1/2长度）的零件表面。
⑤ 线对线、线对面相对于面对面的平行度、垂直度。

表2-8～表2-11列出了一些形位公差等级的应用场合，供选择时参考。

表2-8 直线度、平面度公差等级应用举例

公差等级	应 用 举 例
4	用于量具、测量仪器和机床导轨。如1级平尺、测量仪器的V形导轨，高精度平面磨床的V形导轨和滚动导轨，轴承磨床及平面磨床床身直线度等
5	用于1级平板、2级宽平尺、平面磨床的纵导轨、垂直导轨、工作台，液压龙门刨床导轨等
6	用于普通机床导轨面，卧式镗床、铣床的工作台，主轴箱的导轨，柴油机壳体结合面等
7	用于2级平板、机床主轴箱、摇臂钻床底座和工作台、镗床工作台、液压泵盖、减速器壳体结合面等

(续)

公差等级	应用举例
8	用于机床传动箱体、交换齿轮箱体、车床溜板箱箱体、柴油机汽缸体、连杆分离面、缸盖结合面、汽车发动机缸盖、曲轴箱结合面等
9	用于3即平板、自动车床床身底面、摩托车曲轴箱体、汽车变速器壳体、手动机械的支撑面等

表2-9 圆度、圆柱度公差等级应用举例

公差等级	应用举例
4	用于较精密机床主轴、精密机床主轴箱孔、活塞销、阀体孔、较高精度滚动轴承配合轴等
5	用于一般计量仪器主轴、测杆外圆柱面、陀螺仪轴颈、一般机床主轴轴颈及主轴轴承孔、柴油机和汽油机的活塞及活塞销、与E级滚动轴承配合的轴颈等
6	用于仪表端盖外圆柱面、一般机床主轴及前轴承孔、泵、压缩机的活塞、汽缸、汽油发动机凸轮轴、纺机锭子、减速传动轴轴颈、高速船用柴油机及拖拉机曲轴主轴颈、与E级滚动轴承配合的外壳孔、与G级滚动轴承配合的轴颈等
7	用于大功率低速柴油机曲轴轴颈、活塞、活塞销、连杆、汽缸,高速柴油机箱体轴承孔,千斤顶或压力油缸活塞、机车传动轴、水泵及通用减速器转轴轴颈、与G级滚动轴承配合的外壳孔等
8	用于低速发动机、大功率曲柄轴轴颈,压气机连杆盖体,拖拉机汽缸及活塞,炼胶机冷铸轴辊,印刷机传墨辊,内燃机曲轴轴颈、柴油机凸轮轴轴承孔、凸轮轴,拖拉机、小型船用柴油机汽缸套等
9	用于空气压缩机缸体、液压传动筒、通用机械杠杆与拉杆用套筒销子、拖拉机活塞环、套筒孔等

表2-10 平行度、垂直度、倾斜度公差等级应用举例

公差等级	应用举例
4、5	用于卧式车床导轨,重要支承面,机床主轴孔对基准的平行度,精密机床重要零件,计量仪器、量具、模具的基准面和工作面,主轴箱体重要孔,通用减速器壳体孔,齿轮泵的油孔端面,发动机轴和离合器的凸缘,汽缸支承端面,安装精密滚动轴承的壳体孔的凸肩等
6、7、8	用于一般机床的基准面和工作面,压力机和锻锤的工作面,中等精度钻模的工作面,机床一般轴承孔对基准面的平行度,变速箱箱体孔,主轴花键对定心直径部位轴线的平行度,重型机械轴承盖端面,卷扬、手动转动装置中的传动轴,一般导轨,主轴箱体孔,刀架,砂轮架,汽缸配合面对基准轴线,活塞销孔对活塞中心线的垂直度,滚动轴承内、外圈端面对轴线的垂直度等
9、10	用于低精度零件,重型机械滚动轴承端盖,柴油机、煤气发动机箱体曲轴孔、曲轴颈,花键轴和轴肩端面,皮带运输机法兰盘端面对轴线的垂直度,手动卷扬机及传动装置中的轴承端面、减速机壳体平面等

表 2-11　同轴度、对称度、圆跳动和全跳动公差等级应用举例

公差等级	应 用 举 例
5、6、7	这是应用范围较广的公差等级，用于形位精度要求较高、尺寸公差等级为 IT8 及高于 IT8 的零件；5 级常用于机床轴颈、计量仪器的测量杆、汽轮机主轴、柱塞油泵转子、高精度滚动轴承外圈、一般精度滚动轴承内圈、回转工作台端面圆跳动；7 级用于内燃机曲轴、凸轮轴、齿轮轴、水泵轴，汽车后轮输出轴，电动机转子，键槽等
8、9	用于形位精度要求一般、尺寸公差等级为 IT9 级及高于 IT11 级的零件；8 级用于拖拉机发动机分配轴轴颈，与 9 级精度以下齿轮相配的轴，水泵叶轮，离心泵体，棉花精梳机前、后滚子，键槽等；9 级用于内燃机汽缸套配合面、自行车中轴等

3. 形位公差基准的选择

基准是确定关联要素之间方向和位置的依据。在选择基准时，主要应根据零件的功能要求和设计要求，并兼顾基准统一原则和零件的结构特征，从以下几个方面考虑。

(1) 从设计考虑，根据零件的功能要求，一般以主要的配合表面、重要的支承面作为基准。如轴类零件常以两个轴承为支承运转，其运动轴线为安装轴承的两轴颈的公共轴线。因此，应选该公共轴线作为形位公差的基准。

(2) 从装配关系考虑，应选择零件相互配合、相互接触的表面作为各自的基准，以保证零件能正确装配。如盘、套类零件，一般以其内孔轴线径向定位装配或以其端面轴向定位。因此，应选轴线或端面作为形位公差的基准；箱体零件常选底面或侧面作为基准。

(3) 从加工工艺考虑，根据加工定位的需要和零件结构，应选择宽大的平面、较长的轴线作为基准，以使定位可靠。

(4) 从测量考虑，根据测量的方便程度，应选择在检测中装夹定位的要素作为基准。

总之，比较理想的基准是设计、加工、测量和装配中的基准为同一基准，即遵循基准统一的原则。

4. 形位公差原则的选择

公差原则是处理形位公差与尺寸公差关系的基本原则。在选择公差原则时，应根据被测要素的功能要求，充分发挥出公差的职能并兼顾采取该公差原则的经济性和可行性。表 2-12 列出了各种公差原则的应用场合和示例，可供选择参考。

表 2-12　公差原则的应用场合和示例

公差原则	应用场合	示例与说明
独立原则	尺寸精度和形位精度需要分别满足要求	齿轮箱体孔的尺寸精度与两孔轴线的平行度；连杆活塞销孔的尺寸精度与圆柱度；滚动轴承内、外圈滚道的尺寸精度与形状精度等
	尺寸精度和形位精度要求相差较大	滚筒类、平板类零件尺寸精度要求较低，形状精度要求较高；冲模架的下模座尺寸精度要求不高，平行度要求较高；通油孔的尺寸精度要求较高，形状精度无要求等

(续)

公差原则	应用场合	示例与说明
独立原则	尺寸精度和形位精度无联系	滚子链条的套筒或滚子内外圆柱面的轴线同轴度与尺寸精度,齿轮箱体孔的尺寸精度与孔轴间的位置精度,发动机连杆上的尺寸精度与孔轴线间的位置精度等
	保证运动精度	导轨的形状精度要求严格,尺寸精度要求次要等
	保证密封性	汽缸套的形状精度要求严格,尺寸精度要求次要等
	未注公差	凡是未注尺寸公差与未注形位公差的都采用独立原则,如退刀槽、倒角、圆角等非功能要素等
包容要求	严格保证配合性质	不得违反最大实体边界,如 $\phi20H7$ⒺE孔与 $\phi20h6$Ⓔ轴的配合,可以保证配合的最小间隙为零等
最大实体要求	用于中心要素,保证零件的可装配性	不得违反最大实体实效状态,如轴承盖上用于穿过螺钉的通孔、法兰上用于穿过螺栓的通孔、同轴度的基准轴线等
最小实体要求	主要用来保证零件的强度和最小壁厚	不得违反最小实体实效状态,如空心的圆柱凸台、带孔的小垫圈等的中心要素
可逆要求	附加要求,不能单独使用,要与最大或最小实体要求一起使用,多用于低精度装配场合,提高效益	可逆要求与最大或最小实体要求一起使用时,不仅尺寸公差能补偿给形位公差,在一定条件下,形位公差也可补偿给尺寸公差

5. 形位公差设计的步骤

形位公差设计时,可按照如下步骤进行。

(1) 选择形位公差项目。选择形位公差项目时,要根据零件的功能要求、几何特征、项目的特点及检测的方便性等因素从国家规定的 14 个项目(表 2-1)中选取尽可能少的形位公差项目。

(2) 选择基准。选择形位公差项目基准时,根据零件的功能要求和设计要求,并兼顾基准统一原则和零件的结构特征。

(3) 选择公差等级。选择公差等级时,根据表 2-8~表 2-11 列出的一些形位公差等级的应用场合,选择满足要求的尽可能低的公差等级。

(4) 确定公差数值。在确定公差等级后,再根据公差项目,查表 2-3~表 2-7,确定公差数值。

(5) 选择公差原则。在选择公差原则时,应根据被测要素的功能要求,充分发挥出公差的职能并兼顾采取该公差原则的经济性和可行性,再结合表 2-12 列出的各种公差原则的应用场合和示例,选择相关的公差要求。

(6) 标注形位公差项目。根据形位公差标注的方法,将确定好的形位公差正确标注到图样上。

6. 未注公差的规定

对于形位公差要求不高，用一般的机械加工方法和加工设备能够保证加工精度，或由线性尺寸公差或角度公差所控制的形位公差能够保证零件的要求时，不必将形位公差在图样上注出，而用未注公差控制，这样既可以简化制图，又突出了已经注出的形位公差要求。

国家标准将未注形位公差分为 H、K、L 3 个公差等级，精度依次降低。

表 2-13 为直线度和平面度的未注公差数值；表 2-14 为垂直度的未注公差数值；表 2-15 为对称度的未注公差数值；表 2-16 为圆跳动的未注公差数值。

表 2-13　直线度、平面度的未注公差数值　　　　（单位：mm）

公差等级	基本长度范围					
	≤10	>10～30	>30～100	>100～300	>300～1000	>1000～3000
H	0.02	0.05	0.1	0.2	0.3	0.4
K	0.05	0.1	0.2	0.4	0.6	0.8
L	0.1	0.2	0.4	0.8	1.2	1.6

注：直线度按其相应线的长度选择；平面度按其表面较长的一侧或圆表面的直径选择。

表 2-14　垂直度的未注公差数值　　　　（单位：mm）

公差等级	基本长度范围			
	≤100	>100～300	>300～1000	>1000～3000
H	0.2	0.3	0.4	0.5
K	0.4	0.6	0.8	1
L	0.6	1	1.5	2

注：取形成直角的两边中较长的一边作为基准要素，较短的一边作为被测要素；若两边的长度相等，则可取其中任意一边作为基准要素。

表 2-15　对称度的未注公差数值　　　　（单位：mm）

公差等级	基本长度范围			
	≤100	>100～300	>300～1000	>1000～3000
H	0.5			
K	0.6		0.8	1
L	0.6	1	1.5	2

注：取两要素中较长者作为基准要素，较短者作为被测要素；若两要素的长度相等，则可取其中任一要素作为基准要素。

表 2-16　圆跳动的未注公差数值　　　　（单位：mm）

公差等级	圆跳动公差值
H	0.1
K	0.2
L	0.5

注：本表也可用于同轴度的未注公差值；应以设计或工艺给出的支承面作为基准要素。否则取两要素中较长者作为基准要素。若两要素的长度相等，则可取其中的任一要素作为基准要素。

2.2.4 实训项目

1. 实训目的

（1）掌握根据零件的使用功能要求，正确、合理地选择形位公差项目、基准、形位公差等级（数值）以及公差原则应用的基本思路。

（2）能够在零件图样上将形位公差进行正确的标注。

2. 实训内容

如图 2.64 所示的车床尾座套筒零件图，根据零件的结构特征、功能关系、检测条件及经济性等多方面的因素，经综合分析后进行形位公差设计，完成以下内容。

（1）选择形位公差项目。

（2）确定公差数值。

（3）选择形位公差项目基准。

（4）选择公差原则。

（5）按标准规定，将设计的形位公差要求标注到图样上。

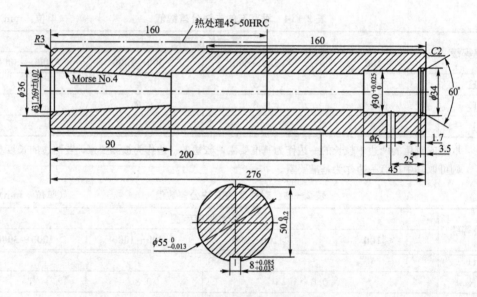

图 2.64 车床尾座套筒零件图

拓展与练习

1. 国家标准规定了哪些形位公差项目？各自的符号是什么？
2. 最大实体边界与最大实体实效边界的区别是什么？
3. 什么是零件的几何要素？如何分类？
4. 什么是形位误差和形位公差？
5. 形位公差数值选择应注意哪些问题？
6. 公差原则的应用场合是什么？

7. 判断下列说法是否正确。

(1) 平面度公差带与端面全跳动公差带的形状是相同的。（   ）

(2) 圆度公差带与径向圆跳动公差带的形状不同。（   ）

(3) 最大实体要求和最小实体要求都只能用于中心要素。（   ）

(4) 形状公差带的方向和位置都是浮动的。（   ）

(5) 直线度公差带一定是距离为公差值 t 的两平行平面之间的区域。（   ）

8. 试解释图 2.65 所示曲轴零件的形位公差的标注。

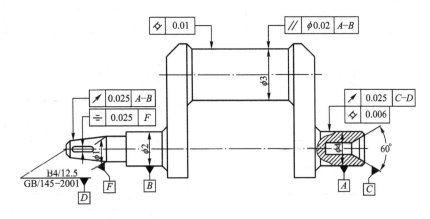

图 2.65　题 8 图

9. 试将下列各项形位公差要求标注在图 2.66 上。

(1) 圆锥面 A 的圆度公差为 0.006mm，素线的直线度公差为 0.005mm，圆锥面 A 轴线对 ϕd 轴线的同轴度公差为 $\phi 0.015$mm。

(2) ϕd 圆柱面的圆柱度公差为 0.009mm，ϕd 轴线的直线度公差为 $\phi 0.012$mm。

(3) 右端面 B 对 ϕd 轴线的圆跳动公差为 0.01mm。

10. 指出图 2.67 中形位公差标注上的错误，并加以改正（要求不改变形位公差项目）。

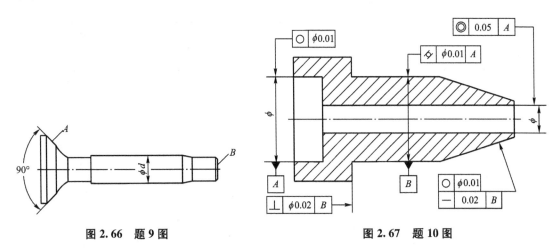

图 2.66　题 9 图　　　　　图 2.67　题 10 图

11. 试根据图 2.68 中的标注，完成表 2-17 的填写。

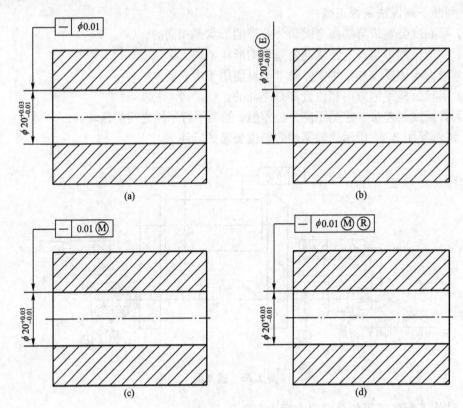

图 2.68 题 11 图

表 2-17 题 11 表

图号	采用的公差原则	理想边界及边界尺寸	MMC 时允许的形位误差值/mm	LMC 时允许的形位误差值/mm	允许的最大形状误差值/mm	实际尺寸合格范围
(a)						
(b)						
(c)						
(d)						

项目 3

表面粗糙度的标注与选择

学习目的与要求

(1) 掌握表面粗糙度的有关概念和术语。
(2) 掌握表面粗糙度常用的评定参数。
(3) 掌握表面粗糙度的符号及意义。
(4) 掌握表面粗糙度的标注方法。
(5) 能够正确解释图样上的表面粗糙度标注。
(6) 能够根据零件的功能技术要求,进行正确合理的表面粗糙度选择设计。

任务 3.1 识读表面粗糙度的标注

3.1.1 任务描述

识读图 3.1 所示的轴承座零件图,解释图中所标注的表面粗糙度符号的意义。

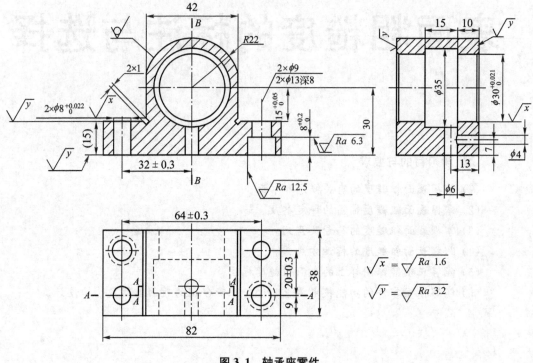

图 3.1 轴承座零件

3.1.2 任务实施

对图样上的表面粗糙度符号做出解释。

(1)与轴承相配合的 $\phi 30_{\ 0}^{+0.021}$ mm 孔和与定位销相配合的两个 $\phi 8_{\ 0}^{+0.022}$ mm 的孔均采用了带字母的完整符号的简化注法,即标注为 $\sqrt{x}$ 的符号。在图样的右下角给出该简化注法的完整表示为 $\sqrt{x} = \sqrt{Ra\ 1.6}$,故其含义为:用去除材料的方法获得的表面($\phi 30_{\ 0}^{+0.021}$ mm 孔和两个 $\phi 8_{\ 0}^{+0.022}$ mm 的孔),Ra 的上限值为 $1.6\mu m$。

(2)与轴承盖相配合的两个端面和固定轴承座的上下两平面也采用了带字母的完整符号的简化注法,即标注为 $\sqrt{y}$ 的符号。在图样的右下角给出该简化注法的完整表示为 $\sqrt{y} = \sqrt{Ra\ 3.2}$,故其含义为:用去除材料的方法获得的表面(与轴承盖相配合的两个端面和固定轴承座的上下两平面),Ra 的上限值为 $3.2\mu m$。

(3)用于连接轴承座螺栓的两个 $\phi 9$mm/$\phi 13$mm 深 8mm 的沉头孔,在孔与沉头孔接触的表面标注的符号为 $\sqrt{Ra\ 6.3}$,孔的表面标注的符号为 $\sqrt{Ra\ 12.5}$,其含义分别为:用去除材料的方法获得的孔与沉头孔接触的表面,Ra 的上限值为 $6.3\mu m$;用去除材料的方法获得的孔表面，Ra 的上限值为 $12.5\mu m$。

（4）$R22$ 的圆弧表面标注的符号为 ⌀，其含义为：用不去除材料的方法获得的 $R22mm$ 的圆弧表面。

3.1.3 知识链接

在零件的机械加工过程中，不论采用哪种加工方法获得表面，都不是绝对理想的表面，即使看起来是很光滑的表面，在显微镜的观察下也是凹凸不平的。

1. 表面粗糙度的概述

1) 表面粗糙度的定义

零件在加工时，由于刀具和被加工表面之间的相对运动轨迹（刀痕）、刀具和零件表面之间的摩擦、切削分离时的塑性变形，以及工艺系统中存在的高频振动等的影响，零件表面会留下由较小间距和峰谷组成的微量高低不平的凸峰和凹谷，如图 3.2 所示。

这种零件表面上的微观几何形状误差称为表面粗糙度，又称微观不平度。

表面粗糙度不同于主要由机床、夹具、刀具几何精度以及定位夹紧等方面误差引起的宏观形状误差（第 2 章中描述的形状误差），也不同于主要由机床、刀具、工件的振动、发热等因素造成的介于宏观和微观几何形状误差之间的表面波度。

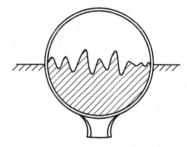

图 3.2　表面粗糙度示意图

表面粗糙度、形状误差及表面波度之间的区别主要在于其波距大小的不同。波距小于 $1mm$ 的属于表面粗糙度；波距在 $1\sim10mm$ 的属于表面波度；波距大于 $10mm$ 的属于形状误差，如图 3.3 所示。

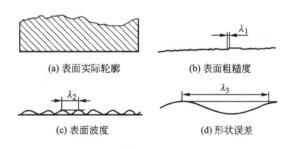

图 3.3　加工误差示意图

2) 表面粗糙度对零件使用性能的影响

表面粗糙度对零件使用性能的影响主要有以下几个方面。

（1）表面粗糙度影响零件的耐磨性。零件表面之间的摩擦会增加能量的损耗。零件表面越粗糙，摩擦系数就越大，因摩擦而消耗的能量也越大。此外，表面越粗糙，配合表面间的实际有效接触面积就越小，压强越大，两相对运动的表面磨损就越快。

需要指出的是，并不是零件表面越光滑越好。由于金属分子的吸附力加大，接触表面间的润滑油层被挤掉而形成干摩擦，使金属表面发热而产生胶合，也能损坏零件的表面。

因此，对有相对运动的接触表面，其表面粗糙度要选用适当，既不能过低，也不能过高。

(2) 表面粗糙度影响配合性质。对于间隙配合，相对运动的表面越粗糙，就越容易磨损，致使间隙增大；对于过盈配合，装配时微观凸峰容易被挤平，使实际有效过盈量减小，降低了连接强度；对于过渡配合，表面粗糙度会使实际配合变松。

因此，对于那些配合间隙或过盈较小、运动稳定性要求较高的高速重载机械设备及零件，正确地选择其零件的表面粗糙度尤为重要。

(3) 表面粗糙度影响零件的疲劳强度。零件表面越粗糙，实际轮廓就存在越大的凸峰和凹谷，它们对应力集中很敏感，在零件承受交变载荷时，使疲劳强度降低，导致零件表面产生疲劳裂纹而损坏。相反，零件表面越光滑，因材料疲劳强度引起的表面断裂的机会就越少。

因此，对于一些承受交变载荷的重要零件，精加工后常进行光整加工，以减小零件的表面粗糙度值，提高其疲劳强度。

(4) 表面粗糙度影响零件的抗腐蚀性。腐蚀性物质易在表面的凹谷处聚集，不易清除，故产生金属腐蚀。表面越粗糙，凹谷越深，零件的抗腐蚀性能越差。经过抛光的表面，改善了表面质量，减少了生锈和腐蚀的机会。

因此，降低零件的表面粗糙度，能提高零件的抗腐蚀性能，延长机械设备的使用寿命。

(5) 表面粗糙度影响零件的密封性。粗糙的表面结合时，两表面只在局部点上接触，无法严密地贴合，气体或液体通过其接触面时，易渗漏，影响密封性。

因此，降低零件的表面粗糙度，能提高零件的密封性。

此外，表面粗糙度对零件的接触刚度、测量精度、导热性、流体流动的阻力及零件外形的美观等也有很大的影响。为保证产品质量，提高零件的使用寿命，降低生产成本，在设计零件时必须根据国家标准对其表面粗糙度提出合理的要求，即给出合理的表面粗糙度的评定参数值。

2. 表面粗糙度相关术语

1) 表面轮廓

表面轮廓是指平面与实际表面相交所得的轮廓，也称实际轮廓。

按照截取方向不同，表面轮廓分为横向和纵向表面轮廓两种。在评定或测量表面粗糙度时，通常指横向表面轮廓，即与加工纹理方向垂直的截面上的轮廓，如图 3.4 所示。

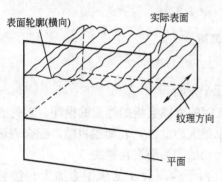

图 3.4 表面轮廓

2) 取样长度

取样长度是指在测量表面粗糙度时所取的一段基准线的长度，用符号 l_r 表示。

规定取样长度是为了限制和减弱表面波度对表面粗糙度测量结果的影响。取样长度过短，不能反映表面粗糙度的真实情况；过长，表面粗糙度的测量值又会把表面波度的成分包括进去。在取样长度范围内，至少应包含 5 个以上的轮廓峰和轮廓谷，如图 3.5 所示。

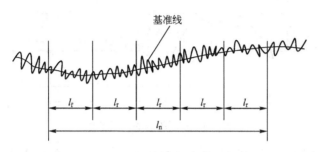

图 3.5　取样长度和评定长度

3）评定长度

评定长度是指评定表面粗糙度所必需的一段长度，它可包括一个或几个取样长度，用符号 l_n 表示。

规定评定长度是因为被测表面上各处的表面粗糙度不一定很均匀，在一个取样长度上往往不能合理地反映被测表面粗糙度的全貌，所以需要在几个取样长度上分别测量和评定，取平均值为该零件表面的评定值。国家标准推荐 $l_n=5l_r$，如图 3.5 所示。

4）轮廓中线

轮廓中线是用于评定表面粗糙度参数的一条参考线，又称为基准线，用符号 m 表示。基准线有以下两种。

（1）轮廓的算术平均中线。轮廓算术平均中线是指在取样长度内，将实际轮廓划分为上下两部分，且使上下面积相等的直线，如图 3.6 所示。

$$F_1+F_2+\cdots+F_i=F_1'+F_2'+\cdots+F_i'$$

（2）轮廓的最小二乘中线。轮廓的最小二乘中线是指在取样长度内，使轮廓上各点至该线的距离平方和为最小的直线，如图 3.7 所示。

$$\int_0^l z^2 \mathrm{d}x = 最小值$$

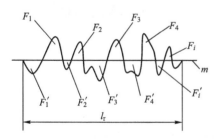

图 3.6　轮廓的算术平均中线

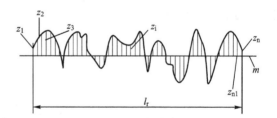

图 3.7　轮廓的最小二乘中线

国家标准中规定，一般以轮廓的最小二乘中线为基准线。但在轮廓图形上确定最小二乘中线比较困难，又因算术平均中线与最小二乘中线的差别很小，故通常用算术平均中线来代替最小二乘中线，用目测估计来确定轮廓的算术平均中线，故具有较大的实用性。

5）几何参数

如图 3.8 所示，表面轮廓具有以下参数。

（1）轮廓峰。轮廓峰是指表面轮廓与轮廓中线相交，相邻两点之间外凸的轮廓部分。

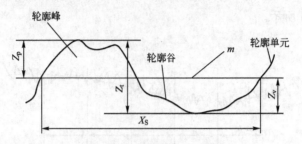

图 3.8　表面轮廓的几何参数

(2) 轮廓谷。轮廓谷是指表面轮廓与轮廓中线相交，相邻两点之间内凹的轮廓部分。

(3) 轮廓峰高。轮廓峰高是指轮廓的最高点至轮廓中线之间的距离，用符号 Z_p 表示。

(4) 轮廓谷深。轮廓谷深是指轮廓的最低点至轮廓中线之间的距离，用符号 Z_v 表示。

(5) 轮廓单元。轮廓单元是指轮廓峰与相邻的轮廓谷的组合。

(6) 轮廓单元高度。轮廓单元高度是指一个轮廓单元的峰高与谷深之和，用符号 Z_t 表示。显然存在如下关系：

$$Z_t = Z_p + Z_v \tag{3-1}$$

(7) 轮廓单元宽度。轮廓单元宽度是指一个轮廓单元与轮廓中线所交线段的长度，用符号 X_s 表示。

3. 表面粗糙度的评定参数

为了全面反映表面粗糙度对零件使用性能的影响，GB/T 3505—2009 中规定的评定表面粗糙度的参数主要有幅度参数（高度参数）、间距参数及曲线参数等。

GB/T 3505—2009 中还规定，评定表面粗糙度的参数一般从幅度参数中选取。零件表面有特殊功能要求时，除选用幅度参数以外，还可选用其他的评定参数，如间距参数等。本书只对幅度参数做介绍，其他参数不要求。

评定表面粗糙度的幅度参数主要有轮廓的算术平均偏差、轮廓的最大高度。

1) 轮廓的算术平均偏差

轮廓的算术平均偏差是指在一个取样长度 l_r 内，轮廓上各点至基准线的距离的绝对值的算术平均值，用符号 Ra 表示，如图 3.9 所示。即

$$Ra = \frac{1}{l} \int_0^l |y(x)| \, dx \tag{3-2}$$

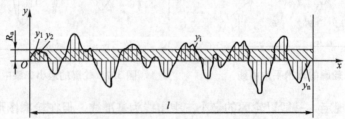

图 3.9　轮廓的算术平均偏差 Ra

从式(3-2)中可以看出，计算 Ra 时，轮廓上的各个点都参与计算，故 Ra 是一个最能充分反映零件表面真实情况的参数，也是最优先采用的参数。从图 3.9 中可以看出，Ra 的值越大，说明零件表面越粗糙。

项目3 表面粗糙度的标注与选择

2) 轮廓的最大高度

轮廓的最大高度是指在一个取样长度 l_r 内,最大轮廓峰高 Z_p 和最大轮廓谷深 Z_v 之和的高度,用符号 Rz 表示,如图 3.10 所示。即

$$Rz = |Z_{pmax}| + |Z_{vmax}| \tag{3-3}$$

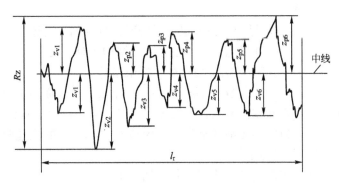

图 3.10 轮廓的最大高度 Rz

从式(3-3)中可以看出,Rz 对表面粗糙度的评定不如 Ra 客观全面。从图 3.10 中同样可以看出,Rz 的值越大,说明零件表面越粗糙。

综上所述,幅度参数是评定表面粗糙度的基本参数,一般从 Ra 和 Rz 中选取。

4. 表面粗糙度的符号

国家标准 GB/T 131—2006 对表面粗糙度的符号、每种符号的意义及标注都做了相关的规定。

1) 表面粗糙度的符号

表面粗糙度的基本符号用两条不等的细实线组成,具体要求如图 3.11 所示。每个表面一般只标注一次,符号大小应一致。

2) 表面粗糙度符号的意义

国家标准中规定的表面粗糙度的符号及其意义,见表 3-1。

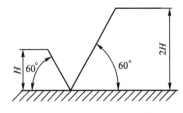

图 3.11 表面粗糙度的符号

表 3-1 表面粗糙度符号及意义

符 号	意义及说明
∨	基本符号,表示表面可用任何方法获得;当不加参数值或有关说明时,只用于简化标注
∀	基本符号加一横线,表示表面是用去除材料的方法获得的,例如:车、铣、刨、磨、钻、电火花加工、气割等
∨ (带小圆)	基本符号加一小圆,表示表面是用不去除材料的方法获得的;例如:铸、锻、冲压变形、热轧、冷轧、粉末冶金等;或者用于保持原供应状况的表面
∨ ∀ ∨ (带横线)	在上述 3 个符号的长边上均加一横线,用于标注有关参数和说明
∨ ∀ ∨ (带小圆)	在上述 3 个符号上均可加一小圆,表示所有表面具有相同的表面粗糙度要求

3) 表面粗糙度完整符号的组成

在表面粗糙度符号的周围,标注出表面粗糙度参数值及有关要求,就组成了表面粗糙度的完整符号。表面粗糙度的完整符号体现了对加工后零件表面质量的要求。符号中,参数值及有关规定的标注位置如图 3.12 所示。

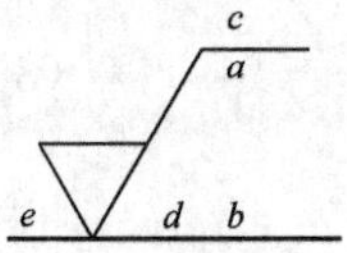

图 3.12 表面粗糙度完整符号

符号中,各规定位置的意义分别如下所述。

(1) 位置 a ——注写表面结构的单一要求。

其中包括参数代号、极限值等。

(2) 位置 a、b ——注写两个或多个表面结构要求。

在位置 b 注写第二个表面结构要求,若要注写第三个或更多个表面结构要求,则图形符号应在垂直方向扩大,以空出足够的空间。扩大符号时,a、b 的位置随之上移。

(3) 位置 c ——注写加工方法。

其中包括加工方法、表面处理、涂层或其他加工工艺要求等,如车、铣、磨等。

(4) 位置 d ——注写表面纹理及方向。

注写所要求的表面纹理和纹理方向,如=、X、M 等,见表 3-2。

表 3-2 表面纹理标注

符 号	说 明	示 意 图
=	纹理平行于视图所在的投影面	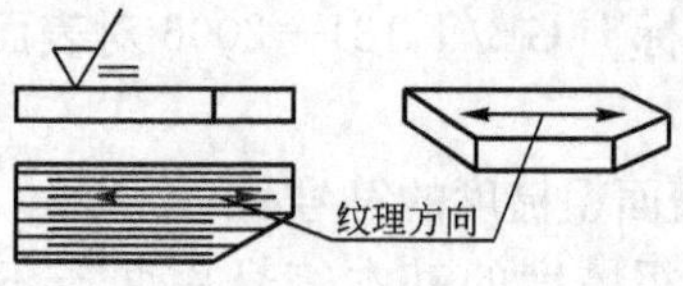
⊥	纹理垂直于视图所在的投影面	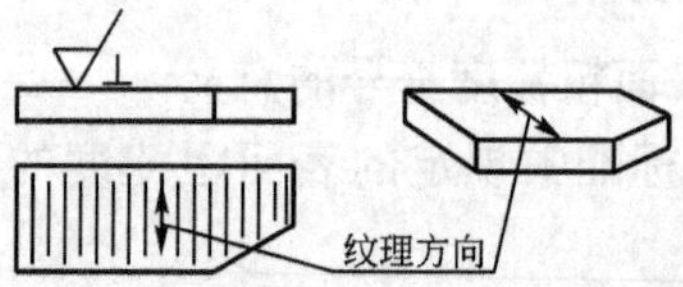
X	纹理呈两斜向交叉且与视图所在的投影面相交	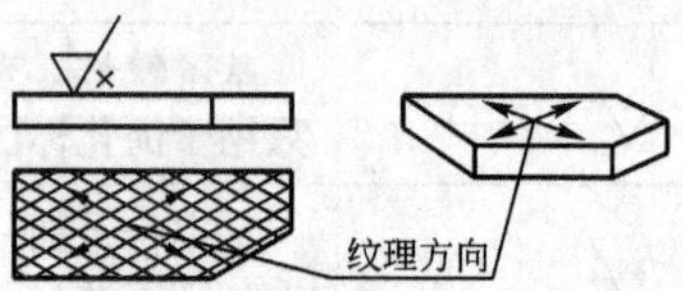
M	纹理呈多方向	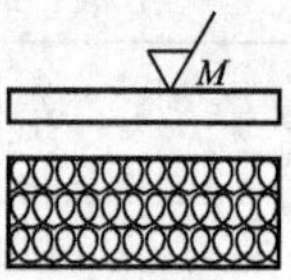

(续)

符 号	说 明	示 意 图
C	纹理呈近似同心圆且圆心与表面中心相关	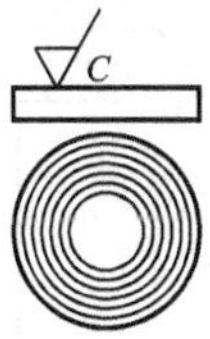
P	纹理呈微粒、凸起、无方向	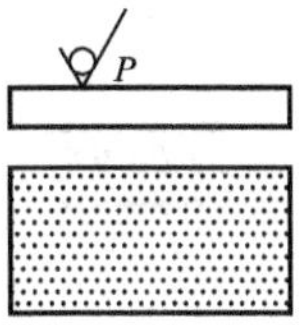
R	纹理呈近似放射状且与表面圆心相关	

注：如果表面纹理不能清楚地用这些符号表示，必要时可以在图样上加注说明。

（5）位置 e——注写加工余量。

注写所要求的加工余量，以 mm 为单位给出数值。

图 3.13 为表面粗糙度完整符号的标注示例。

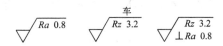

图 3.13　表面粗糙度完整符号标注示例

4）表面粗糙度参数值

表面粗糙度的幅度参数值分为上限值、下限值、最大值和最小值。当在图样上只标注一个参数值时，表示只要求上限值。当在图样上同时标注上限值和下限值时，表示所有实测值中超过规定值的个数小于总数的 16%；当在图样上同时标注最大值和最小值时，表示所有实测值中不得超过规定值。

通常情况下，一般采用上限值、下限值标注，标注的上、下限值（或大、小限值）的单位均为 μm。

例如：符号 $\sqrt{\begin{smallmatrix}Ra\ 3.2\\Ra\ 6.3\end{smallmatrix}}$ 的含义是，用去除材料的方法获得的表面，Ra 的上限值为 3.2 μm，下限值为 6.3 μm。

5．表面粗糙度的标注方法

国家标准规定，表面粗糙度要求每个表面只能标注一次，并尽可能标准在相应的尺寸及公差的同一视图上，除非另有说明，所标注的要求是对完工后零件表面的要求。

根据国家标准 GB/T 4458.4—2003 的规定，表面粗糙度标注遵循的总的原则是注写和读取方向与尺寸标注一致，其符号由材料外指向并接触材料表面。

常见标注有以下情况。

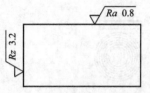

图 3.14 表面粗糙度标注示例一

1) 标注在轮廓线上

表面粗糙度符号直接可标注在轮廓线上，其符号从材料外指向并接触表面，如图 3.14 所示。

2) 标注在指引线上

必要时，表面粗糙度符号也可用带箭头或黑点的指引线引出标注，如图 3.15 所示。

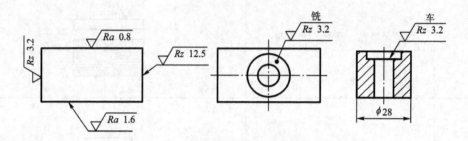

图 3.15 表面粗糙度标注示例二

3) 标注在特征尺寸的尺寸线上

在不致引起误解的情况下，表面粗糙度要求可以标注在给定的尺寸线上，如图 3.16 所示。

4) 标注在形位公差的框格上

表面粗糙度要求可标注在形位公差框格的上方，如图 3.17 所示。

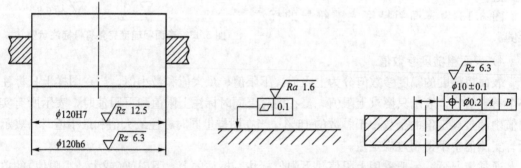

图 3.16 表面粗糙度标注示例三　　　图 3.17 表面粗糙度标注示例四

5) 标注在延长线上

表面粗糙度要求可以直接标注在延长线上，或用带箭头的指引线引出标注，如图 3.18 所示。

6) 标注在圆柱和棱柱表面上的情况

圆柱和棱柱表面上的粗糙度要求只标注一次，如图 3.18 所示；若每个棱柱表面要求不同时，则应单独标注，如图 3.19 所示。

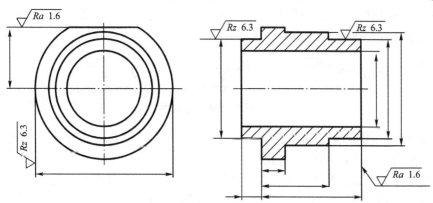

图 3.18　表面粗糙度标注示例五

7）表面粗糙度的简化注法

（1）有相同表面粗糙度要求的简化注法。若工件的多数表面（包括全部）有相同的表面粗糙度要求，则其可统一标注在图样的标题栏附近。此时（除了全部表面有形同要求的情况），表面粗糙度符号后面应给出以下两点内容。

① 在圆括号内给出无任何其他标注的基本符号，如图 3.20(a)所示。

② 在圆括号内给出不同的表面粗糙度要求符号，如图 3.20(b)所示。

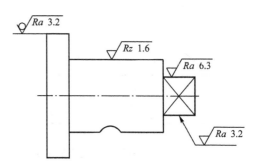

图 3.19　表面粗糙度标注示例六

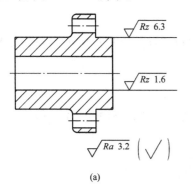
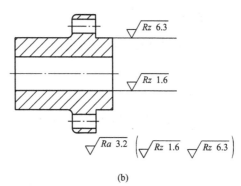

(a)　　　　　　　　　　　　　　(b)

图 3.20　表面粗糙度标注示例七

（2）多个表面有共同要求的简化注法。当多个表面有相同表面粗糙度要求时或图纸空间有限时，可采用简化注法。

① 用带字母的完整符号的简化注法。可用带字母的完整符号，以等式的形式在图形或标题栏附近，对有相同要求的表面进行简化注法，如图 3.21 所示。

图 3.21　表面粗糙度标注示例八

② 只用表面粗糙度符号的简化注法。用表面粗糙度符号，以等式的形式给出对多个表面共同的表面粗糙度要求，如图3.22所示。

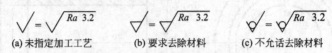

(a) 未指定加工工艺　　　(b) 要求去除材料　　　(c) 不允许去除材料

图 3.22　表面粗糙度标注示例九

(3) 对不连续的同一表面的简化注法。对不连续的同一表面，可用细实线相连，表面粗糙度符号只标注一次，如图3.23所示。

(4) 对零件上连续要素及重复要素的简化注法。零件上连续要素及重复要素（孔、槽、齿等）的表面，其表面粗糙度代号只标注一次，如图3.24所示。

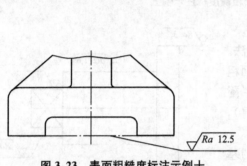

图 3.23　表面粗糙度标注示例十

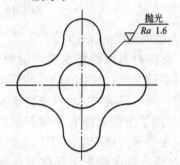

图 3.24　表面粗糙度标注示例十一

3.1.4　实训项目

1. 实训目的

通过实训，能够熟练准确地读懂图样的表面粗糙度标注，以加深对表面粗糙度及其意义的理解。

2. 实训内容

识读图3.25所示的轴承套零件图，试解释图中所标注的表面粗糙度符号的意义。

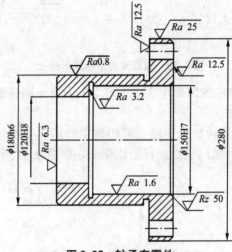

图 3.25　轴承套零件

任务3.2 表面粗糙度的选择

3.2.1 任务描述

识读图 3.26 所示的传动轴零件图样，试根据零件的功用，对图样上各表面的表面粗糙度进行合理选用，完成以下任务。

(1) 选择合理的表面粗糙度参数及参数值。

(2) 将确定好的表面粗糙度符号正确标注到图样上。

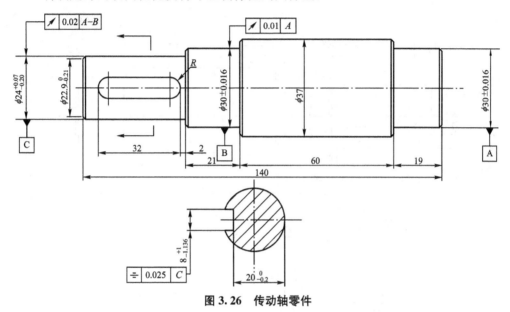

图 3.26 传动轴零件

3.2.2 任务实施

1. 对图 3.26 所示传动轴零件表面进行合理的表面粗糙度选择

1) 两个 $\phi30$mm 的外圆柱面

对与轴承配合的两个 $\phi30$mm 的外圆柱面，有很高的表面质量要求，但无其他特殊要求，故表面粗糙度优先选用参数 Ra；考虑表面的加工方法和尺寸精度，参考表 3-3～表 3-5，确定其参数值为 0.8。

2) $\phi37$mm 外圆柱面的两端面

$\phi37$mm 外圆柱面的两端面在轴承与传动轴配合的过程中起到了轴向定位的作用，其表面粗糙度参数也可选用 Ra；考虑其配合要求次于轴承与 $\phi30$mm 外圆的配合，参考表 3-3～表 3-5，确定其参数值为 1.6。

3) 键槽

键槽用来安装平键，连接齿轮等传动件，传递运动和转矩，在运动的过程中对其侧面要求高于底面，其表面粗糙度参数也可选用 Ra；考虑键槽的加工方法和尺寸精度，参考表 3-3、表 3-4，确定其侧面和底面的参数值分别为 3.2 和 6.3。

4) $\phi30mm\pm0.016mm$ 的左端面

$\phi30mm\pm0.016mm$ 的左端面在齿轮与轴的配合过程中，起到辅助定位的作用，其定位要求次于与轴承配合中起定位作用的 $\phi37mm$ 外圆柱面的两端面，其表面粗糙度参数也可选用 Ra；参考表 3-3～表 3-5，确定其参数值为 3.2。

5) 其他表面

其他表面无特殊要求，其表面粗糙度参数也可选用 Ra；结合其表面的加工过程，参考表 3-3～表 3-5，确定其参数值为 12.5。

2. 将选择确定好的表面粗糙度符号及参数标注在图样上（图 3.27）

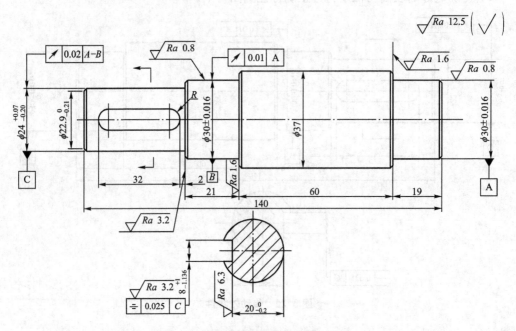

图 3.27 传动轴零件表面粗糙度标注

3.2.3 知识链接

表面粗糙度是一项重要的技术经济指标，选取时，应在满足零件功能要求的前提下，同时考虑工艺的可行性和经济性。在确定零件表面粗糙度时，除有特殊要求外，一般采用类比法。

表面粗糙度的选择主要包括两个内容：评定参数的选择和参数值的选择。

1. 表面粗糙度评定参数的选择

在选择表面粗糙度评定参数时，应能够充分合理地反映表面微观几何形状的真实情况。对于大多数表面，给出的幅度特征参数（高度特征参数）即可反映被测表面的粗糙度特征。所以，国标 GB/T 1031—2009 规定，表面粗糙度参数应从幅度特征参数 Ra 和 Rz 中选取，并推荐优先选用 Ra。

评定参数 Ra 能够客观地反映整个被测表面的微观几何形状特征，且测量方法简单，效率高，故国家标准推荐优先选用 Ra。但当零件的材料较软时，不能选用 Ra，这是因为

Ra 测量时采用的触针测量,容易划伤零件表面,测量不准确。

评定参数 Rz,仅考虑了最大的峰高和谷深,故在反映微观几何形状特征方面不如 Ra 全面。Rz 值易于在光学仪器上测得,且计算方便,当零件表面过于粗糙($Ra>6.3\mu m$)或过于光滑($Ra<0.025\mu m$)时,可选用 Rz。

2. 表面粗糙度参数值的选择

一般说来,表面粗糙度参数值越小,零件的工作性能越好。但是粗糙度值越小的表面,在加工时需要经过越复杂的工艺过程,使得零件的加工成本也急剧增高。因此,表面粗糙度参数值选择的合理与否,不仅对产品的使用性能有很大的影响,而且直接关系到产品的质量和制造成本。

选择表面粗糙度参数值选择的总原则是:在满足使用要求的前提下,尽量选用较大的表面粗糙度参数值。

在具体选择时,可先根据经验统计资料初步选定表面粗糙度参数值,然后再对比工作条件,做出适当的调整。调整时应考虑下述一些原则。

(1) 在同一零件上,工作表面比非工作表面的粗糙度参数值小。

(2) 摩擦表面比非摩擦表面的粗糙度参数值小;滚动摩擦表面比滑动摩擦表面的粗糙度参数值小。

(3) 运动速度高,单位面积压力大的摩擦表面,比运动速度低,单位面积压力小的摩擦表面的表面粗糙度参数值小。

(4) 承受交变载荷的零件表面上,以及容易产生应力集中的部位(如沟槽、圆角、轴肩等)表面粗糙度的值应小些。

(5) 配合零件的表面粗糙度应与尺寸及形状公差相协调。配合性质相同的,尺寸越小,表面粗糙度的值越小;同一精度等级,小尺寸比大尺寸粗糙度值要小。

(6) 配合精度要求高的配合表面(如小间隙配合的配合表面),受重载荷作用的过盈配合表面,粗糙度参数值应小些。

(7) 对于间隙配合,间隙越小,粗糙度的值越小;对于过盈配合,为保证连接强度的牢固可靠,载荷越大,粗糙度值越小。一般情况下,间隙配合比过盈配合粗糙度值要小。

(8) 对于防腐性能、密封性能要求高且外观美丽的表面,粗糙度的值要小些。

(9) 凡有关标准已对表面粗糙度要求作出规定的(如与滚动轴承配合的轴颈和外壳孔、键槽、各级精度齿轮的主要表面等),则应按相应标准确定表面粗糙度参数值。

表3-3列出了表面粗糙度的表面特征、经济加工方法及应用举例;表3-4列出了表面粗糙度参数 Ra 推荐选用值;表3-5列出了表面粗糙度评定参数 Ra 的数值;表3-6列出了表面粗糙度评定参数 Rz 的数值,供选用时参考。

表3-3 表面粗糙度的表面特征、经济加工方法及应用举例

表面微观特征		$Ra/\mu m$	加工方法	应用举例
粗糙表面	可见加工痕迹	>20~40	粗车、粗铣、粗刨、钻、毛锉、锯断	半成品粗加工过的表面、非配合的加工表面,如轴端面、倒角、钻孔、齿轮、带轮侧面、键槽底面、垫圈接触面等
	微见加工痕迹	>10~20		

(续)

表面微观特征		$Ra/\mu m$	加工方法	应用举例
半光表面	可见加工痕迹	>5~10	车、铣、刨、镗、钻、粗铰	轴上不安装轴承、齿轮处的非配合表面,紧固件的自由装配表面,轴和孔的退刀槽等
	微见加工痕迹	>2.5~5	车、铣、刨、镗、磨、拉、滚压、粗刮	半精加工表面,箱体、支架、盖面、套筒等和其他零件结合而无配合要求的表面,需要发蓝的表面等
	不可见加工痕迹	>1.25~2.5	车、铣、刨、镗、磨、拉、刮、压、铣齿	接近精加工表面、箱体上安装轴承的孔表面、齿轮的工作面等
光表面	可见加工痕迹	>0.63~1.25	车、镗、磨、拉、刮、精铰、磨齿、滚压	圆柱销,圆锥销,与滚动轴承配合的表面,卧式车床导轨面,内、外花键定心表面等
	微见加工痕迹	>0.32~0.63	精铰、精镗、磨、刮、滚压	要求配合性质稳定的配合表面、工作时受交变应力的重要零件、较高精度车床的导轨面等
	不可见加工痕迹	>0.16~0.32	精磨、珩磨、研磨、超精加工	精磨机床主轴锥孔、顶尖圆锥面、发动机曲轴、凸轮轴工作表面、高精度齿轮齿面等
极光表面	暗光表面	>0.08~0.16	精磨、研磨、普通抛光	精密机床主轴轴颈表面、一般量规工作表面、汽缸套内表面、活塞销表面等
	亮光泽面	>0.04~0.08	超精磨、精抛光、镜面磨削	精密机床主轴轴颈表面、滚动轴承的滚珠、高压油泵中柱塞和柱塞套配合表面等
	光泽镜面	>0.02~0.04		
	雾状镜面	>0.01~0.02	镜面磨削、超精研	高精度量仪、量块的工作表面,光学仪器中的金属镜面等
	镜面	≤0.01		

表 3-4 列出了表面粗糙度参数 Ra 的推荐选用值　　　　　(单位: μm)

表面特征	公差等级	基本尺寸/mm					
		≤50		>50~120		>120~500	
		轴	孔	轴	孔	轴	孔
轻度装卸零件的配合表面	IT5	≤0.2	≤0.4	≤0.4	≤0.8	≤0.4	≤0.8
	IT6	≤0.4	≤0.8	≤0.8	≤1.6	≤0.8	≤1.6
	IT7	≤0.8		≤1.6		≤1.6	
	IT8	≤0.8	≤1.6	≤1.6	≤3.2	≤1.6	≤3.2

(续)

表面特征			基本尺寸/mm					
过盈配合	压入配合	IT5	≤0.2	≤0.4	≤0.4	≤0.8	≤0.8	≤0.4
		IT6～IT7	≤0.4	≤0.8	≤0.8	≤1.6	≤1.6	≤1.6
		IT8	≤0.8	≤1.6	≤1.6	≤3.2	≤3.2	≤3.2
	热装	—	≤1.6	≤3.2	≤1.6	≤3.2	≤3.2	≤3.2
滑动轴承的配合表面		公差等级	轴			孔		
		IT6～IT9	≤0.8			≤1.6		
		IT10～IT12	≤1.6			≤3.2		
		液体湿摩擦条件	≤0.4			≤0.8		
圆锥结合的工作面			密封结合		对中结合		其他	
			≤0.4		≤1.6		≤6.3	
精密定心零件的配合表面		IT5～IT8	径向跳动	2.5	4	6	10	16	25
			轴	≤0.05	≤0.1	≤0.1	≤0.2	≤0.4	≤0.8
			孔	≤0.1	≤0.2	≤0.2	≤0.4	≤0.8	≤1.6
V带和平带轮工作表面			带轮直径/mm					
			＜120		120～315		＞315	
			1.6		3.2		6.3	
箱体分界面		类型	有垫片			无垫片		
		需要密封	3.2～6.3			0.8～1.6		
		不需要密封	6.3～12.5					

表3-5 表面粗糙度评定参数 *Ra* 的数值　　　　　　　　（单位：μm）

基本系列	补充系列	基本系列	补充系列	基本系列	补充系列	基本系列	补充系列
	0.008						
	0.010				1.25	12.5	
0.012			0.125				
	0.016		0.160				16.0
	0.020		0.20	1.60	2.0		20
0.025			0.25		2.5	25	
	0.032		0.32				32
	0.040		0.40	3.2	4.0		40
0.050			0.50		5.0	50	
	0.063		0.63				63
	0.080		0.80	6.3	8.0		80
0.100			1.00		10.0	100	

注：在选取 *Ra* 时，应优先选用基本系列数值，其次再考虑补充系列数值。

表 3-6 表面粗糙度评定参数 Rz 的数值 （单位：μm）

基本系列	补充系列	基本系列	补充系列	基本系列	补充系列	基本系列	补充系列	基本系列	补充系列	基本系列	补充系列
			0.125		1.25	12.5			125		1250
			0.160	1.60			16.0		160	1600	
		0.20			2.0		20	200			
0.025			0.25		2.5	25			250		
	0.032		0.32	3.2			32		320		
	0.040	0.40			4.0		40	400			
0.050			0.50		5.0	50			500		
	0.063		0.63	6.3			63		630		
	0.080	0.80			8.0		80	800			
0.100			1.0		10.0	100			1000		

注：在选取 Rz 时与选取 Ra 相同，应优先选用基本系列数值，其次再考虑补充系列数值。

3. 表面粗糙度选择的步骤

在选择表面粗糙度时，可按照下面的步骤进行。

1) 选择表面粗糙度的评定参数

在选择表面粗糙度评定参数时，应能够充分合理地反映表面微观几何形状的真实情况，据此，对于大多数的表面来说，国家优先选用参数 Ra。

2) 选择参数值

在选择参数值时，遵循在满足零件功能要求的前提下，选取尽可能大的参数值的原则，再参考表 3-3、表 3-4 和表 3-5 确定 Ra 的数值。

3) 标注表面粗糙度符号

将确定好的表面粗糙度符号，正确标注到图样上。

3.2.4 实训项目

1. 实训目的

（1）掌握根据零件的使用功能要求，正确、合理地选择表面粗糙度。

（2）能够在零件图样上对表面粗糙度进行正确的标注。

2. 实训内容

识读图 2.64 所示的车床尾座套筒零件图样，试根据零件的功用，对图样上各表面的表面粗糙度进行合理选用，完成以下要求。

（1）选择合理的表面粗糙度参数及参数值。

（2）将确定好的表面粗糙度符号正确标注到图样上。

拓展与练习

1. 表面粗糙度的含义是什么？它与表面波度、形状误差有何联系和区别？
2. 表面粗糙度对零件的功能有什么影响？

3. 为减小零件表面的摩擦与磨损，零件的表面是不是越光滑越好？为什么？
4. 规定取样长度和评定长度的目的是什么？
5. 选择表面粗糙度参数值的原则是什么？选择时应考虑哪些问题？
6. 判断下列说法是否正确。
(1) 零件表面越粗糙，取样长度应越小。（　　）
(2) 零件表面要求耐腐蚀，粗糙度参数值应小一些。（　　）
(3) 选择表面粗糙度参数值越小越好。（　　）
(4) 对尺寸精度要求高的表面，粗糙度参数值应小一些。（　　）
(5) 在间隙配合中，由于零件表面粗糙不平，会因磨损使间隙增大。（　　）
7. 试解释图 3.28 中标注的表面粗糙度的意义。

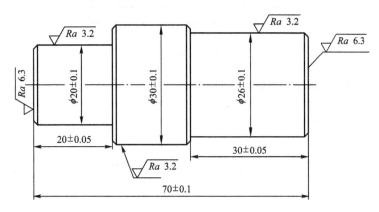

图 3.28　题 7 图

8. 试将下列的表面粗糙度要求标注在图 3.29 上。
(1) 用去除材料的方法获得表面 a 和 b，要求表面粗糙度参数 Ra 的上限值为 $1.6\mu m$。
(2) 用任何方法加工 $\phi 30mm$ 和 $\phi 25mm$ 圆柱面，要求表面粗糙度参数 Rz 的上限值为 $6.3\mu m$，下限值为 $3.2\mu m$。
(3) 其余表面用去除材料的方法获得，要求 Ra 的最大值为 $12.5\mu m$。

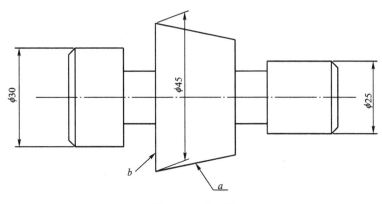

图 3.29　题 8 图

9. 试将下列的表面粗糙度要求标注在图 3.30 上。
(1) 两个 $\phi 20mm$ 孔的表面粗糙度参数 Ra 的上限值均为 $3.2\mu m$。

(2) 5mm 槽两侧面的表面粗糙度参数 Ra 的上限值为 3.2μm。

(3) 50mm 两端面的表面粗糙度参数 Ra 的上限值均为 6.3μm，下限值均为 12.5μm。

(4) 其余加工表面的表面粗糙度 Ra 的上限值均为 12.5μm。

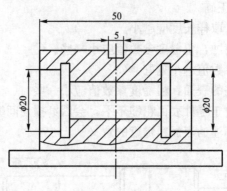

图 3.30　题 9 图

10. 下列题中两孔的表面粗糙度参数值是否有差异？若有差异，哪个孔的表面粗糙度参数值应小一些？为什么？

(1) ϕ20H8 与 ϕ60H8 的孔。

(2) ϕ30H8/h7 与 ϕ30H8/g7 中的孔。

(3) 圆柱度公差分别为 0.01mm 和 0.02mm 的两个 ϕ50mm 的孔。

项目 4

光滑工件尺寸的检测

> **学习目的与要求**

(1) 掌握光滑工件尺寸的验收原则、安全裕度及验收极限。
(2) 掌握工作量规的分类、设计原则及设计内容。
(3) 能够正确选择通用计量器具对单件小批量生产零件进行检测。
(4) 能够设计满足大批大量生产零件检测要求的工作量规。

任务 4.1　单件小批量生产零件的检测

4.1.1　任务描述

在单件小批量生产的情况下,检验图 2.1 所示的顶杆零件的 ϕ16f7Ⓔ部分的轴直径,完成以下任务。

(1) 确定验收极限方式。

(2) 计算验收极限。

(3) 选择满足测量精度要求、方便、经济的通用计量器具。

4.1.2　任务实施

1. 确定验收极限方式

检测部分 ϕ16f7Ⓔ轴径,显然遵守包容要求,故应按内缩方式确定验收极限。

2. 计算验收极限

查表 1-1,$T_s = 18\mu m = 0.018mm$。

查表 1-2,$es = -16\mu m = -0.016mm$。

根据公式 $T_s = es - ei$ 得,$ei = es - T_s$,代入数据得,$ei = -0.016 - 0.018 = -0.034(mm)$。

因此,$\phi 16f7 = \phi 16_{-0.034}^{-0.016}$。

查表 4-1 得,安全裕度 $A = 1.8\mu m = 0.0018mm$。

计算验收极限:

上验收极限 $= 16 - 0.016 - 0.0018 = 15.9822(mm)$

下验收极限 $= 16 - 0.034 + 0.0018 = 15.9678(mm)$

3. 选择计量器具

按优先选用 Ⅰ 挡原则,查表 4-1,查得计量器具不确定度的允许值 $\mu_1 = 1.7\mu m = 0.0017mm$。

查表 4-3,分度值为 0.002mm 的比较仪,在尺寸范围>0~25mm 内的测量不确定度为 0.0017mm,不大于计量器具不确定度的允许值 μ_1,故可满足使用要求。

4.1.3　知识链接

检验光滑工件尺寸时,要针对零件不同的结构特点和精度要求采用不同的计量器具。对于单件小批量生产,则常采用通用计量器具进行检测。通用计量器具能测出工件实际尺寸的具体数值,能够了解产品质量情况,有利于对生产过程进行分析。

1. 误收和误废

检验工件时,由于测量误差的存在,使得当工件的真实尺寸接近极限尺寸时,可能发生两种错误的判断:误收和误废。误收是指把实际尺寸超出极限尺寸范围的工件判为合格;误废是指把实际尺寸在极限尺寸范围的工件判为废品。

例如:用示值误差为 $\pm 5\mu m$ 的千分尺验收 ϕ30h7($\phi 30_{-0.021}^{0}$mm)的轴。如果测量时轴的尺寸

偏差在 0～+5μm 范围内，显然是不合格品。但是由于千分尺的测量误差可以为 −5μm，则使得测量值可能小于其上偏差，从而把不合格误认为合格，导致误收。反之，则会导致误废。

显然，误收会影响产品质量，误废会造成经济损失。为了保证足够的测量精度，实现零件的互换性，国家标准 GB/T 3177—2009《产品几何技术规范(GPS)光滑工件尺寸的检验》对验收原则、验收极限、计量器具不确定度的允许值和计量器具的选择等事项作了统一规定。该标准适用于使用通用计量器具（如游标卡尺、千分尺、比较仪等量具量仪），对图样上注出的公差等级为 IT6～IT8，基本尺寸≤500mm 的光滑工件尺寸的检验，也适用于对一般公差尺寸的检验。

2. 验收极限和安全裕度

1）验收原则

国家标准规定的验收原则是：所用验收方法应只接收位于规定的极限尺寸之内的工件，即允许有误废而不允许有误收。

2）验收极限

为了保证这个验收原则的实现，保证零件达到互换性要求，将误收减至最小，规定了验收极限。验收极限是指检验工件尺寸时，判断合格与否的尺寸界限。

国家标准规定，确定工件尺寸的验收极限有下列两种方案。

（1）内缩方式。验收极限是从工件规定的最大极限尺寸和最小极限尺寸分别向工件公差带内移一个安全裕度(A)来确定的，如图 4.1 所示。

由于验收极限向工件的公差带内移动，所以为了保证验收时合格，在生产时工件不能按照原有的极限尺寸加工，应按由验收极限所确定的范围生产，这个范围称为生产公差。

由图 4.1 可以看出，此方式下验收极限的计算公式为

上验收极限＝最大极限尺寸－A

下验收极限＝最小极限尺寸＋A （4−1）

安全裕度是测量不确定度的允许值，用符号 A 表示。安全裕度 A 由检验工件公差(T)确定，A 数值通常取工件公差的 1/10，其数值见表 4−1。

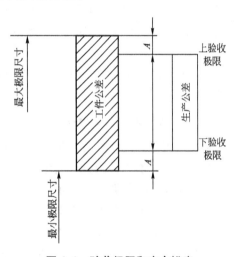

图 4.1 验收极限和安全裕度

表 4−1 安全裕度 A 与计量器具的测量不确定度允许值 μ_1 （单位：μm）

基本尺寸/mm		公差等级																
		IT6					IT7					IT8					IT9	
		T	A	μ_1			T	A	μ_1			T	A	μ_1			T	A	μ_1		
大于	至			Ⅰ	Ⅱ	Ⅲ			Ⅰ	Ⅱ	Ⅲ			Ⅰ	Ⅱ	Ⅲ			Ⅰ	Ⅱ	Ⅲ
—	3	6	0.6	0.54	0.9	1.4	10	1.0	0.9	1.5	2.3	14	1.4	1.3	2.1	3.2	25	2.5	2.3	3.8	5.6
3	6	8	0.8	0.72	1.2	1.8	12	1.2	1.1	1.8	2.7	18	1.8	1.6	2.7	4.1	30	3.0	2.7	4.5	6.8

(续)

基本尺寸/mm		公差等级																		
		IT6					IT7					IT8					IT9			
		T	A	μ_1			T	A	μ_1			T	A	μ_1			T	A	μ_1	
大于	至			I	II	III			I	II	III			I	II	III			I	II	III
6	10	9	0.9	0.8	1.4	2.0	15	1.5	1.4	2.3	3.4	22	2.2	2.0	3.3	5.0	36	3.6	3.3	5.4	8.1
10	18	11	1.0	1.0	1.7	2.5	18	1.8	1.7	2.7	4.1	27	2.7	2.4	4.1	6.1	43	4.3	3.9	6.5	9.7
18	30	13	1.3	1.2	2.0	2.9	21	2.1	1.9	3.2	4.7	33	3.3	3.0	5.0	7.4	52	5.2	4.7	7.8	12
30	50	16	1.6	1.4	2.4	3.6	25	2.5	2.3	3.8	5.6	39	3.9	3.5	5.9	8.8	62	6.2	5.6	9.3	14
50	80	19	1.9	1.7	2.9	4.3	30	3.0	2.7	4.5	6.8	46	4.6	4.1	6.9	10	74	7.4	6.7	11	17
80	120	22	2.2	2.0	3.3	5.0	35	3.5	3.3	5.3	7.9	54	5.4	4.9	8.1	12	87	8.7	7.8	13	20
120	180	25	2.5	2.3	3.8	5.6	40	4.0	3.6	6.0	9.0	63	6.3	5.7	9.5	14	100	10	9.0	15	23
180	250	29	2.9	2.6	4.4	6.5	46	4.6	4.1	6.9	10	72	7.2	6.5	11	16	115	12	10	17	26
250	315	32	3.2	2.9	4.8	7.2	52	5.2	4.7	7.8	12	81	8.1	7.3	12	18	130	13	12	19	29
315	400	36	3.6	3.2	5.4	8.1	57	5.7	5.1	8.4	13	89	8.9	8.0	13	20	140	14	13	21	32
400	500	40	4.0	3.6	6.0	9.0	63	6.3	5.7	9.5	14	97	9.7	8.7	15	22	155	16	14	23	35

（2）不内缩方式。验收极限等于规定的最大极限尺寸和最小极限尺寸，即安全裕度 A 的值为零。

3. 验收极限方式的选择

验收极限方式的选择要根据工件尺寸的功能要求及其重要程度、尺寸公差等级、测量不确定度和工艺能力等因素综合考虑。具体原则如下。

（1）对遵循包容要求的尺寸、公差等级高的尺寸，应选用内缩方式。

（2）当工艺能力指数 $C_p \geqslant 1$ 时，可选用不内缩方式；但对遵循包容要求的尺寸，其最大实体尺寸一边仍应选择内缩方式。

工艺能力指数 C_p 是工件公差值 T 与加工设备工艺能力 $C\sigma$ 之比值，即 $C_p = T/(C\sigma)$。其中 C 为常数，工件尺寸遵循正态分布时 $C=6$，σ 为加工设备的标准偏差，此时工艺能力指数 $C_p = T/(6\sigma)$。

（3）对偏态分布的尺寸，可以对尺寸偏向的一边选择内缩方式，而另一边选择不内缩方式。

（4）对非配合和一般公差的尺寸，选择不内缩方式。

4. 计量器具的选择

计量器具的选择主要取决于计量器具的技术指标和经济指标。具体原则如下所述。

（1）选择计量器具应与被测工件的外形、位置、尺寸的大小及被测参数特性相适应，使所选计量器具的测量范围能满足工件的要求。

（2）选择计量器具应考虑工件的尺寸公差，使所选计量器具的不确定度值既要保证测量精度要求，又要符合经济性要求。

为了保证测量的可靠性和量值的统一，国家标准规定：按照计量器具的不确定度允许值 μ_1 选择计量器具。在选择计量器具时，所选用的计量器具的不确定度应小于或等于计量器具不确定度的允许值 μ_1。

计量器具不确定度允许值 μ_1 分为Ⅰ、Ⅱ、Ⅲ挡，分别为工件尺寸公差的 1/10、1/6 和 1/4 的 0.9 倍。一般情况下，优先选用Ⅰ挡，其次Ⅱ挡、Ⅲ挡。常用 μ_1 的数值见表 4-1。

表 4-2 为千分尺和游标卡尺的不确定度；表 4-3 为比较仪的不确定度；表 4-4 为指示表的不确定度。

表 4-2 千分尺和游标卡尺的不确定度　　　　　　　　（单位：mm）

尺寸范围		计量器具类型			
		分度值 0.01 外径千分尺	分度值 0.01 内径千分尺	分度值 0.02 游标卡尺	分度值 0.05 游标卡尺
大于	至	不确定度			
0	50	0.004	0.008	0.020	0.05
50	100	0.005			
100	150	0.006			
150	200	0.007	0.013		
200	250	0.008			
250	300	0.009			0.100
300	350	0.010	0.020		
350	400	0.011			
400	450	0.012			
450	500	0.013	0.025		
500	600		0.030		
600	700				
700	1000				0.150

【例 4-1-1】 某轴的长度为 100mm，其加工精度为线性尺寸未注公差的中等级，即 GB/T 1804—m。试确定其验收极限，并选择适当的计量器具。

解：1) 确定验收极限方式

该尺寸属于一般尺寸公差，故应按不内缩方式确定验收极限。

2) 计算验收极限

查表 1-8，该尺寸的极限偏差为 ±0.3mm，因此，该尺寸为 100±0.3mm。

不内缩方式，安全裕度 $A=0$。

计算验收极限：

　　　　　　上验收极限＝100＋0.3＝100.3mm

　　　　　　下验收极限＝100－0.3＝99.7mm

表 4-3　比较仪的不确定度　　　　　　　　　　（单位：mm）

尺寸范围		所使用的计量器具			
		分度值为 0.0005（相当于放大倍数 2000 倍）的比较仪	分度值为 0.001（相当于放大倍数 1000 倍）的比较仪	分度值为 0.002（相当于放大倍数 400 倍）的比较仪	分度值为 0.005（相当于放大倍数 250 倍）的比较仪
大于	至	不确定度			
0	25	0.0006	0.0010	0.0017	0.0030
25	40	0.0007			
40	65		0.0011	0.0018	
65	90	0.0008			
90	115	0.0009	0.0012	0.0019	
115	165	0.0010	0.0013		
165	215	0.0012	0.0014	0.0020	0.0035
215	265	0.0014	0.0016	0.0021	
265	315	0.0016	0.0017	0.0022	

表 4-4　指示表的不确定度　　　　　　　　　　（单位：mm）

尺寸范围		所使用的计量器具			
		分度值为 0.001mm 的千分表(0 级在全程范围内，1 级在 0.2mm 内)，分度值为 0.002mm 的千分表(在 1 转范围内)	分度值为 0.001mm、0.002mm、0.005mm 的千分表(1 级在全程范围内)，分度值为 0.01mm 的百分表(0 级在任意 1mm 内)	分度值为 0.01mm 的百分表(0 级在全程范围内，1 级在任意 1mm 内)	分度值为 0.01mm 的百分表(1 级在全程范围内)
大于	至	不确定度			
0	25	0.005	0.010	0.018	0.030
25	40				
40	65				
65	90				
90	115				
115	165	0.006			
165	215				
215	265				
265	315				

3）选择计量器具

一般公差等级 m 级相当于 IT14 级，按优先选用 I 挡原则，I 挡计量器具不确定度的允许

项目4 光滑工件尺寸的检测

值为尺寸公差的 1/10 的 0.9 倍,查表 1-1,$T=0.87$mm,故 $\mu_1=0.87\times0.1\times0.9=0.0783$mm。

查表 4-2,分度值为 0.05mm 的游标卡尺,在尺寸范围 >50~100mm 内的测量不确定度为 0.05mm,不大于计量器具不确定度的允许值 μ_1,故可满足使用要求。

5. 单件小批量生产零件检测的步骤

单件小批量生产零件在检测时,可按照下面的步骤进行。

1)确定验收极限方式

在确定验收极限方式时,要根据工件尺寸的功能要求及其重要程度、尺寸公差等级、测量不确定度和工艺能力等因素综合考虑。常见情况为:采用包容要求和尺寸精度高的选择内缩方式;非配合的和一般尺寸公差的选择不内缩方式。

2)计算验收极限

在计算验收极限时,一般先要查表 1-1~表 1-3 确定被测工件的极限偏差;若是内缩方式,还要查表 4-1 确定安全裕度 A(若是不内缩方式,则无需此步);最后根据式(4-1),计算验收极限。

3)选择计量器具

选择计量器具时,先查表 4-1 确定计量器具不确定度的允许值 μ_1;再根据所选计量器具的不确定度不大于通用计量器具的不确定度允许值 μ_1 的原则,查表 4-2~表 4-4 选择合适的计量器具。

4.1.4 实训项目

1. 实训目的

通过实训,掌握根据零件几何参数的公差要求及生产现场计量器具的条件,正确、合理地选择通用计量器具的原则和方法。

2. 实训内容

在单件小批量生产的情况下,检验图 1.11 所示的手轮 $\phi16K7$ 的孔,完成以下任务。
1)确定验收极限方式
2)计算验收极限
3)选择通用计量器具

任务 4.2 大批大量生产零件的检测

4.2.1 任务描述

在大批大量生产的情况下,检验图 2.1 所示的顶杆零件的 $\phi16f7$ⒺⓅ部分的轴直径,完成以下任务。

(1)设计与零件检验要求相适应的光滑极限量规。

(2)画出量规的工作简图。

4.2.2 任务实施

1. 确定量规的结构形式

参考图 4.8，轴用量规的结构形式确定为单头双极限卡规。

2. 确定被测工件的极限偏差

查表 1-1，$T_s=18\mu m$；查表 1-2，$es=-16\mu m=-0.016mm$；由式(1-8)得，$ei=es-T_s=-16-18=-34(\mu m)=-0.034(mm)$。

3. 确定量规的制造公差 T 和位置要素 Z

查表 4-6，$T=2\mu m=0.002mm$；$Z=2.8\mu m=0.0028mm$。

4. 计算量规的极限偏差

通规：$T_{sd}=es-Z+T/2=-0.016-0.0028+0.002/2=-0.0178(mm)$
$T_{id}=es-Z-T/2=-0.016-0.0028-0.002/2=-0.0198(mm)$
故通规的工作尺寸为：$\phi16_{-0.0198}^{-0.0178}$ mm。
止规：$Z_{sd}=ei+T=-0.034+0.002=-0.032(mm)$
$Z_{id}=ei=-0.034$ mm
故止规的工作尺寸为：$\phi16_{-0.034}^{-0.032}$ mm。

5. 画出工件及量规的公差带图

量规的公差带图，如图 4.2 所示。

6. 画出量规工作简图

量规工作简图，如图 4.3 所示。

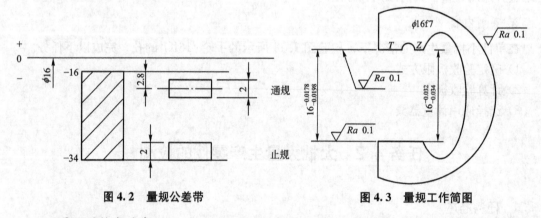

图 4.2 量规公差带　　　　图 4.3 量规工作简图

7. 量规的技术要求

量规材料可选用 T12A；测量面硬度为 58～65HRC；测量面不能有任何缺陷；测量面的表面粗糙度参数值 $Ra\leqslant0.1\mu m$。

4.2.3 知识链接

检测光滑工件尺寸时，若生产批量为单件小批量生产，常采用通用计量器具进行检测。若生产批量为大批大量生产,也采用通用计量器具逐个检验,则费时又费力,能否采用专用的测量器具解决这一问题呢?

光滑极限量规就能很好地解决这一问题。

1. 光滑极限量规的概念

光滑极限量规是一种没有刻度的专用检验工具,它不能确定工件的实际尺寸,只能确定工件尺寸是否处于规定的极限尺寸范围内,即只能检验零件是否合格。光滑极限量规通常成对使用,即有一个通规和一个止规(也称通端和止端),分别用代号 T 和 Z 表示,如图 4.4 所示。

通规用来模拟最大实体边界,检验孔或轴的实体是否超越该理想边界;止规用来模拟最小实体边界,检验孔或轴的实际尺寸是否超越该理想边界。因此,通规按被检工件的最大实体尺寸制造,止规按被检工件的最小实体尺寸制造。

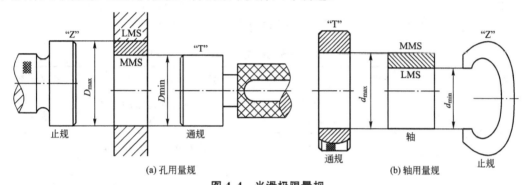

图 4.4 光滑极限量规

1) 塞规

检验孔的光滑极限量规称为塞规,如图 4.4(a)所示。塞规的通规按孔的最大实体尺寸(最小极限尺寸)设计,作用是防止孔的作用尺寸小于其最大实体尺寸;塞规的止规按孔的最小实体尺寸(最大极限尺寸)设计,作用是防止孔的实际尺寸大于其最小实体尺寸。

2) 卡规(环规)

检验轴的光滑极限量规称为卡规或环规,如图 4.4(b)所示。卡规或环规的通规按轴的最大实体尺寸(最大极限尺寸)设计,作用是防止轴的作用尺寸小于其最大实体尺寸;卡规或环规的止规按轴的最小实体尺寸(最小极限尺寸)设计,作用是防止轴的实际尺寸大于其最小实体尺寸。

在机械制造业中,由于光滑极限量规结构简单,使用方便,测量可靠,所以为了提高产品质量和检验效率,大批量生产的工件多采用光滑极限量规检验。

2. 光滑极限量规的作用和分类

1) 光滑极限量规的作用

在大批生产中,常用尺寸范围内,一般精度的孔和轴多用光滑极限量规检验其是否合格。检验时,必须把通规和止规联合使用,如果通规能够通过被检测零件,且止规不能通过,则该零件合格;反之,如果通规通不过被检零件,或者止规能通过,则该零件不合格。

2) 光滑极限量规的分类

光滑极限量规按照用途可分为工作量规、验收量规和校对量规。

(1) 工作量规。工作量规是加工过程中操作者检验工件时使用的量规。

(2) 验收量规。验收量规是检验部门或用户代表验收产品时使用的量规。验收量规一般不需另行制造，它是从磨损较多但未超过磨损极限的工作量规中挑选出来的。这样，操作者用工作量规检验合格的零件，当检验员用验收量规验收时也必定合格。

(3) 校对量规。校对量规是检验、校对轴用工作量规（卡规或环规）的量规。校对量规用来检验卡规或环规是否符合制造公差要求和是否已经达到磨损极限。由于轴用工作量规是内尺寸，在使用过程中经常会发生碰撞、变形，容易磨损，所以轴用工作量规必须定期校对。孔用工作量规也需定期校对，但能很方便地用通用量仪检测，故不需要专用的校对量规。

光滑极限量规作为一个专用量具，在检验过程中与测量检验有很多共同之处，可以互相借鉴参考。使用量规时，可以与其他测量检验方法同时使用，共同检验被测工件的合格性条件。

现将光滑极限量规的种类、名称、代号和用途汇总，见表 4-5。

表 4-5 光滑极限量规的种类、名称、代号和用途

种类	名称	代号	用途	合格标志
工作量规	通规	T	操作者检验工件的体外作用尺寸是否超出最大实体尺寸	通过
	止规	Z	操作者检验工件的局部实际尺寸是否超出最小实体尺寸	不通过
验收量规	验-通	YT	检验部门或用户代表检验工件的体外作用尺寸是否超出最大实体尺寸	通过
	验-止	YZ	检验部门或用户代表检验工件的局部实际尺寸是否超出最小实体尺寸	不通过
校对量规	校通-通	TT	检验轴用通规的实际尺寸是否超出最小极限尺寸	通过
	校止-通	ZT	检验轴用止规的实际尺寸是否超出最小极限尺寸	通过
	校通-损	TS	检验轴用通规的实际尺寸是否超出磨损极限尺寸	不通过

3. 工作量规的公差带

量规是一种精密的检验工具，但在生产中和制造普通工件一样，不可避免地会产生误差，因此对量规也必须规定制造公差。量规制造公差的大小决定了量规制造的难易程度。

为了防止检验过程中产生的误收，国家标准 GB 1957—2006 规定量规的公差带应按照内缩方式布置，即将量规的公差带全部限制在被测工件的公差带之内。

由于通规在使用过程中经常通过工件，其工作表面会不断地磨损，为了使通规具有一定的使用寿命，应该留出适当的磨损储量，因此工作量规的通规除了规定制造公差以外，还需要规定磨损极限，即通规的公差带从工件的最大实体尺寸处向工件公差带内再内缩一

段距离,并将检验工件的最大实体尺寸规定为通规的磨损极限。磨损公差的大小,决定了量规的使用寿命。对于工作量规的止规,由于在使用过程中不通过工件且磨损少,不必留出磨损量,故止规不规定磨损公差,即止规的公差带在工件公差带内紧靠其最小实体尺寸处,如图4.5所示。

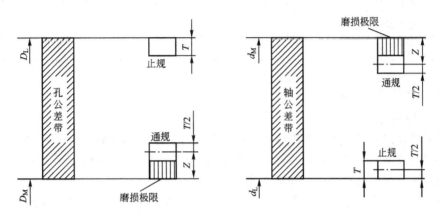

图 4.5　工作量规的公差带

图 4.5 中 T 为量规的制造公差;Z 为量规通规的位置要素,即通规制造公差带的中心线至工件最大实体尺寸之间的距离。T 和 Z 的值与被检工件的尺寸、公差大小有关,其数值见表 4-6。

表 4-6　工作量规制造公差 T 和位置要素 Z 的值　　　　（单位：μm）

工件基本尺寸/mm	IT6		IT7		IT8		IT9		IT10		IT11		IT12		IT13		IT14	
	T	Z	T	Z	T	Z	T	Z	T	Z	T	Z	T	Z	T	Z	T	Z
≤3	1	1	1.2	1.6	1.6	2	2	3	2.4	4	3	6	4	9	6	14	9	20
>3~6	1.2	1.4	1.4	2	2	2.6	2.4	4	3	5	4	8	5	11	7	16	11	25
>6~10	1.4	1.6	1.8	2.4	2.4	3.2	2.8	5	3.6	6	5	9	6	13	8	20	13	30
>10~18	1.6	2	2	2.8	2.8	4	3.4	6	4	8	6	11	7	15	10	24	15	35
>18~30	2	2.4	2.4	3.4	3.4	5	4	7	5	9	7	13	8	18	12	28	18	40
>30~50	2.4	2.8	3	4	4	6	5	8	6	11	8	16	10	22	14	34	22	50
>50~80	2.8	3.4	3.6	4.6	4.6	7	6	9	7	13	9	19	12	26	16	40	26	60
>80~120	3.2	3.8	4.2	5.4	5.4	8	7	10	8	15	10	22	14	30	20	46	30	70
>120~180	3.8	4.4	4.8	6	6	9	8	12	9	18	12	25	16	35	22	52	35	80
>180~250	4.4	5	5.4	7	7	10	9	14	10	20	14	29	18	40	26	60	40	90
>250~315	4.8	5.6	6	8	8	11	10	16	12	22	16	32	20	45	28	66	45	100
>315~400	5.4	6.2	7	9	9	12	11	18	14	25	18	36	22	50	32	74	50	110
>400~500	6.0	7	8	10	10	12	12	20	16	28	20	40	24	55	36	80	55	120

由图 4.5 可以得出工作量规极限偏差的计算公式,见表 4-7。

表 4-7 工作量规极限偏差的计算公式

偏 差	孔用量规	轴用量规
通规上偏差	$T_s = EI + Z + T/2$	$T_{sd} = es - Z + T/2$
通规下偏差	$T_i = EI + Z - T/2$	$T_{id} = es - Z - T/2$
止规上偏差	$Z_s = ES$	$Z_{sd} = ei + T$
止规下偏差	$Z_i = ES - T$	$Z_{id} = ei$

4．工作量规的设计原则

1）泰勒原则

由于工件存在形状误差，所以虽然工件实际尺寸位于最大与最小极限尺寸范围内，但其装配时仍可能发生困难或装配后达不到规定的配合要求。为了准确地评定被测工件是否合格，设计光滑极限量规时应遵守泰勒原则的规定。

泰勒原则是指孔或轴的体外作用尺寸不允许超过最大实体尺寸，并在任何位置上的实际尺寸不允许超出最小实体尺寸。即

对于孔：$D_{fe} \geqslant D_M(D_{min})$ 且 $D_a \leqslant D_L(D_{max})$

对于轴：$d_{fe} \leqslant d_M(d_{max})$ 且 $d_a \geqslant d_L(d_{min})$

2）符合泰勒原则的量规要求

（1）通规用于控制零件的作用尺寸，它的测量面理论上应具有与孔或轴相应的完整表面，即全形量规，其尺寸等于孔或轴的最大实体尺寸且测量长度等于配合长度。

（2）止规用于控制零件的实际尺寸，它的测量面理论上应为点状的，即非全形量规，其尺寸等于孔或轴的最小实体尺寸。

用符合泰勒原则的量规检验工件时，若通规能自由通过而止规通不过，则表示工件合格；若通规不能通过，或者止规能够通过，则表示工件不合格。根据这一原则，量规的通规应该做成全形的，若通规做成非全形的，则会造成检验错误，如图 4.6 所示；量规的止规应该做成非全形的，若止规做成全形的，则也会造成检验错误，如图 4.7 所示。

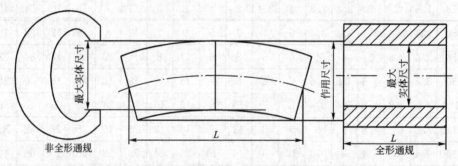

图 4.6 通规形状对检验结果的影响

图 4.6 为通规检验轴的示例，轴的作用尺寸已经超过最大实体尺寸，故应为不合格件，通规不通过才是正确的，但是不全形的通规却能通过，即造成误判。

图 4.7 为止规检验轴的示例，轴在 $y-y$ 方向的实际尺寸已经超出最小实体尺寸，应为不合格件，止规在该位置上通过才是正确的，但是用全形止规检验时，因其他部位的阻

挡，却通不过该轴，故造成误判。

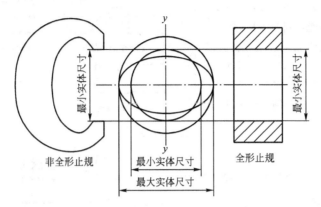

图 4.7 止规形状对检验结果的影响

3) 偏离泰勒原则的量规要求

在量规的实际应用中，由于量规制造和使用方面的原因，要求量规形状完全符合泰勒原则是有困难的，甚至无法实现。因此国家标准规定，在被检验工件的形状误差不影响配合性质的条件下，允许使用偏离泰勒原则的量规。

(1) 通规对泰勒原则的允许偏离。

① 长度偏离：允许通规长度小于工件配合长度。

② 形状偏离：大尺寸的孔和轴允许用非全形的通规塞规(或球端杆规)和卡规检验，以代替笨重的全形通规。

(2) 止规对泰勒原则的允许偏离。

① 对点状测量面，由于点接触易于磨损，止规往往改用小平面、圆柱面或球面代替。

② 检验尺寸较小的孔时，为了增加刚度和便于制造，常改用全形塞规。

③ 对于刚性差的薄壁零件，若用非全形的止规检验，会使工件发生变形，可改用全形塞规或环规。

为了尽量避免在使用中因偏离泰勒原则给检验造成误差，操作时一定要注意。例如，使用非全形的通规塞规时，应在被检验孔的全长上，沿圆周的几个位置上检验；使用卡规时，应在被检验轴的配合长度内的几个部位，并围绕被检验轴圆周的几个位置上检验。

5. 工作量规的设计

工作量规的设计主要包括量规的结构形式、量规工作尺寸的计算及量规的技术要求等内容。

1) 量规的结构形式

光滑极限量规的结构形式很多，合理选用对正确判断检验结果影响很大。图 4.8 为国家标准推荐的常用量规的结构形式及应用的尺寸范围，供选择时参考。

(1) 孔用量规。孔用量规如图 4.9 所示。

① 全形塞规：具有外圆柱形的测量面。

② 不全形塞规：具有部分外圆柱形的测量面。该塞规是从圆柱体上切掉两个轴向部

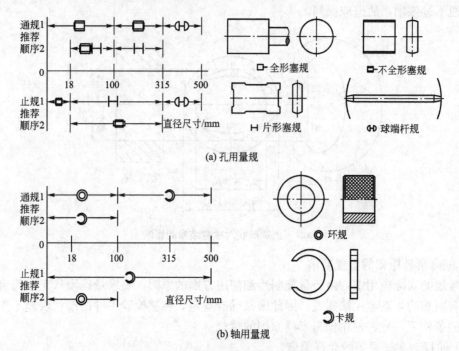

图 4.8 量规结构形式和应用尺寸范围

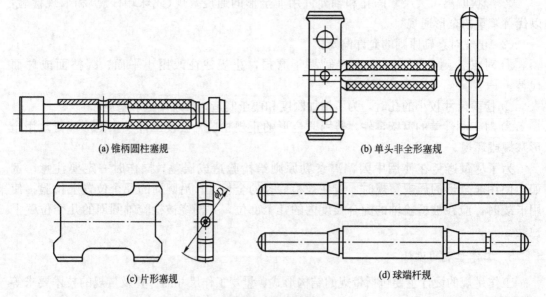

图 4.9 孔用量规

分而形成的,主要是为了减轻质量。

③ 片形塞规:具有较少部分外圆柱形的测量面。为了避免使用中的变形,片形塞规应具有一定的厚度而做成板形。

④ 球端杆规:具有球形的测量面。每一端测量面与工件的接触半径不得大于工件最小极限尺寸之半。为了避免使用中变形,球端杆规应具有足够的刚度。

(2) 轴用量规。轴用量规如图 4.10 所示。

① 环规：具有内圆柱面的测量面。为了防止使用中变形，环规应有一定的厚度。

② 卡规：具有量规平行的测量面（可改用一个平面与一个球面或圆柱面，也可改用两个与被检工件轴线平行的圆柱面）。

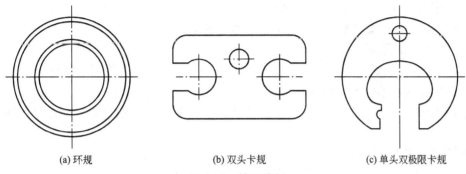

(a) 环规　　　　　　　　(b) 双头卡规　　　　　　　(c) 单头双极限卡规

图 4.10　轴用量规

2) 量规工作尺寸的计算

量规工作尺寸的计算内容如下。

(1) 根据公差与配合标准，确定孔、轴的极限偏差。

(2) 由表 4-6 查出量规制造公差 T 和位置要素 Z 值。

(3) 计算各种量规的工作尺寸或极限偏差，画出公差带图。

3) 量规的技术要求

(1) 量规的材料。量规测量面的材料和硬度对量规的使用寿命有一定的影响。量规可用合金工具钢、碳素工具钢、渗碳钢及硬质合金等尺寸稳定且耐磨的材料制造，也可用普通低碳钢表面镀铬氮化处理，其厚度应大于磨损量。

(2) 量规的硬度。量规测量面的硬度为 58～65HRC，并应经过稳定性处理，如回火、时效等，以消除材料中的内应力。

(3) 表面粗糙度。量规测量面不应有锈迹、毛刺、黑斑、划痕等明显影响使用质量的缺陷，非工作表面不应有锈蚀和裂纹。量规测量面的表面粗糙度数值见表 4-8。

表 4-8　量规测量面的表面粗糙度 Ra 的值　　　　（单位：μm）

工作量规	工件尺寸/mm		
	≤120	>120～315	>315～500
IT6 级孔用量规	≤0.05	≤0.1	≤0.2
IT6～IT9 级轴用量规	≤0.1	≤0.2	≤0.4
IT7～IT9 级孔用量规			
IT10～IT12 级孔、轴用量规	≤0.2	≤0.4	≤0.8

6. 工作量规的设计步骤

工作量规在设计时，可按如下步骤进行。

1) 确定量规的结构形式

在确定量规的结构形式时，可参考图 4.8 选择合理的量规结构形式。

2) 确定被测工件的极限偏差

工件极限偏差的确定主要参考表 1-1～表 1-3 及公差的计算式(1-7)和式(1-8)。

3) 确定量规的制造公差 T 和位置要素 Z

量规的制造公差和位置要素的确定主要参考表 4-6。

4) 计算量规的极限偏差

量规的极限偏差的计算主要参考表 4-7 中的计算公式，代入数据进行计算。

5) 画出工件及量规的公差带图

先正确画出工件的公差带图，再根据量规公差带的特点(内缩方式)，画出量规的公差带图。

6) 画出量规工作简图

根据确定好的量规的结构形式和工作尺寸画出简图。

7) 写出量规的技术要求

量规的技术要求主要包括材料、硬度、表面粗糙度等。

【例 4-2-1】 试设计尺寸为 $\phi25H8$ 的孔用量规。

解：1) 确定量规的结构形式

参考图 4.8，孔用量规的结构形式确定为全形塞规。

2) 确定被测工件的极限偏差

查表 1-1，$T_h=33\mu m$；查表 1-3，$EI=0$；由式(1-7)得，$ES=T_h+EI=33\mu m=0.033mm$。

3) 确定量规的制造公差 T 和位置要素 Z

查表 4-6，$T=3.4\mu m=0.0034mm$；$Z=5\mu m=0.005mm$。

4) 计算量规的极限偏差

通规：$T_s=EI+Z+T/2=0+0.005+0.0034/2=0.0067mm$

$T_i=EI+Z-T/2=0+0.005-0.0034/2=0.0033mm$

故通规的工作尺寸为：$\phi25^{+0.0067}_{+0.0032}mm$。

止规：$Z_s=ES=0.033mm$

$Z_i=ES-T=0.033-0.0034=0.0296mm$

故止规的工作尺寸为：$\phi25^{+0.033}_{+0.0296}mm$。

5) 画出工件及量规的公差带图

量规的公差带图，如图 4.11 所示。

6) 画出量规工作简图

量规工作简图，如图 4.12 所示。

7) 量规的技术要求

量规材料可选用 T12A；测量面硬度为 58～65HRC；测量面不能有任何缺陷；测量面的表面粗糙度参数值 $Ra\leqslant 0.1\mu m$。

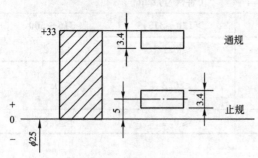

图 4.11 量规公差带

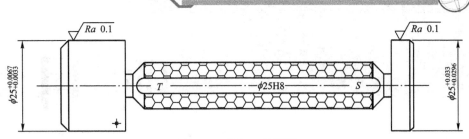

图 4.12　量规工作简图

4.2.4 实训项目

1. 实训目的

通过实训，掌握光滑极限量规的设计方法，学会光滑极限量规工作图的绘制，并进行正确的标注。

2. 实训内容

在大批大量生产的情况下，检验图 2.62 所示的变速箱输入轴 $\phi 28m7$Ⓔ 部分的轴直径，完成以下任务。

1) 设计与零件检验要求相适应的光滑极限量规。
2) 画出量规的工作简图。

拓展与练习

1. 误收和误废是怎么造成的？
2. 光滑极限量规在检验工件时，通规和止规分别用来检验什么尺寸？被检验工件的合格条件是什么？
3. 工作量规的公差带是如何配置的？
4. 量规设计遵循什么原则？该原则的含义是什么？
5. 确定验收极限的方式有哪些？如何选择？
6. 工作量规的设计内容有哪些？
7. 设计检验 $\phi 60H7/k6$ 用的工作量规。
8. 试计算遵守包容要求的 $\phi 45H7/m6$ 配合的孔、轴用的工作量规，完成表 4-9。

表 4-9　题 8 表

工件	量规	$T/\mu m$	$Z/\mu m$	量规基本尺寸	量规极限尺寸	量规图样标注尺寸/mm
$\phi 45H7$Ⓔ	通规					
	止规					
$\phi 45m6$Ⓔ	通规					
	止规					

项目 5

典型零部件的公差配合与测量

学习目的与要求

(1) 掌握滚动轴承的精度等级、内外径公差带及特点。
(2) 掌握滚动轴承与轴和外壳孔的公差配合。
(3) 掌握键联接公差与配合的特点。
(4) 掌握螺纹主要几何参数的术语、螺纹中径合格性的判断及螺纹公差带的特点。
(5) 能够正确地选择滚动轴承的形位公差及表面粗糙度。
(6) 能够合理地选择键联接的配合类型、公差项目及表面粗糙度。
(7) 能够根据螺纹标注进行相关的计算。

任务 5.1 滚动轴承的公差与配合

5.1.1 任务描述

图 5.1 所示为直齿圆柱齿轮减速器输出轴轴颈的部分装配图。已知减速器的功率为 5kW，从动轴转速为 83r/min，其两端的轴承为 6211 深沟球轴承（$d=55$mm，$D=100$mm），轴上安装齿轮的模数为 3mm，齿数为 97（由机械零件设计已算得的 $F_r/C_r=0.01$），完成以下任务。

(1) 确定轴承的精度。
(2) 确定与轴承配合的轴颈和外壳孔的公差带代号。
(3) 确定与轴承配合的轴颈和外壳孔的形位公差值。
(4) 确定与轴承配合的轴颈和外壳孔的表面粗糙度数值。
(5) 将它们分别标注在装配图和零件图上。

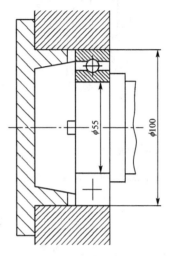

图 5.1 减速器输出轴轴颈部分

5.1.2 任务实施

(1) 直齿圆柱齿轮减速器属于一般机械，转速不高，轴承精度等级可选在机械制造业中应用较多的 0 级。

(2) 齿轮传动时，轴承内圈与轴一起旋转，故承受旋转负荷，应选择较紧配合；外圈相对于负荷方向静止，它与外壳孔的配合应松些。由于机械零件设计已算得的 $F_r/C_r=0.01<0.07$，查表 5-3，轴承属于轻负荷。查表 5-4、表 5-5，确定轴颈公差带代号为 j6，外壳孔的公差带代号为 H7。

(3) 查表 5-6，确定轴颈的圆柱度公差数值为 0.005mm；外壳孔的圆柱度公差数值为 0.01mm；轴肩端面的圆跳动公差数值为 0.015mm。

(4) 查表 5-7，轴颈表面粗糙度 $Ra\leqslant 0.8\mu$m，外壳孔表面粗糙度 $Ra\leqslant 1.6\mu$m，轴肩端面表面粗糙度 $Ra\leqslant 3.2\mu$m，外壳孔端面表面粗糙度 $Ra\leqslant 3.2\mu$m。

(5) 标注图样，如图 5.2 所示。

5.1.3 知识链接

滚动轴承是机械制造业中应用极为广泛的一种标准部件。滚动轴承工作时，要求运转平稳、旋转精度高、噪声小，其工作性能和使用寿命不仅取决于本身的制造精度，还和与它配合的轴颈及轴承座孔的精度有关（尺寸精度、形位精度、表面粗糙度）。

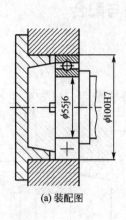 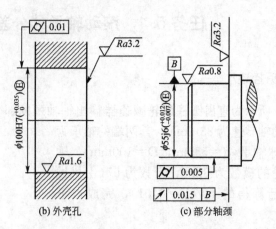

(a) 装配图　　　　　　(b) 外壳孔　　　　　　(c) 部分轴颈

图 5.2　图样标注

1. 滚动轴承概述

1) 滚动轴承的组成和特点

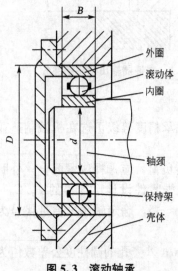

图 5.3　滚动轴承

在支撑载荷和彼此相对运动的零件间做滚动运动的部件称为滚动轴承。滚动轴承是机器上广泛应用的部件，由于用途和工作条件不同，结构也变化甚多，但基本结构都是由内圈、外圈、滚动体（钢球或滚子）和保持架组成的，如图 5.3 所示。

滚动轴承的基本结构与作用见表 5-1。

2) 滚动轴承的分类

生产中应用的滚动轴承种类多种多样，通常按承受载荷的方向和滚动体的形状进行分类，见表 5-2。

为了便于在机器中安装和更换新轴承，滚动轴承作为标准部件具有两种互换性：一是滚动轴承与壳体孔及轴颈的配合属于光滑圆柱配合，其互换性为外互换（完全互换）；二是滚动轴承内、外圈滚道与滚动体的装配一般采用分组装配，其互换性为内互换（不完全互换）。

表 5-1　滚动轴承的基本结构与作用

基本结构	作　用
外圈	通常固定在轴承座或壳体孔上，起支撑滚动体的作用，外圈内表面有供滚动体滚动的内滚道
内圈	通常固定在轴颈上，多数情况下，内圈与轴一起旋转，内圈外表面有供滚动体滚动的外滚道
滚动体	在滚道间滚动的球或滚子，装在内圈和外圈之间，起滚动和传递载荷的作用
保持架	将轴承中的滚动体均匀地相互隔开，使每个滚动体在内、外圈之间正常滚动

表 5-2 滚动轴承的分类

分类方式	种 类	特 点
按承受载荷的方向	向心轴承	承受径向载荷
	推力轴承	承受轴向载荷
	向心推力轴承	承受径向和轴向载荷
按滚动体的形状	球轴承	滚动体为球形
	滚子轴承	滚动体为滚子(圆柱滚子、圆锥滚子、滚针等)

2. 滚动轴承的精度等级及应用

1) 滚动轴承的精度等级

滚动轴承的精度等级是由轴承的尺寸公差和旋转精度决定的。轴承的尺寸公差是指轴承的内径 d、外径 D、宽度 B(图 5.3)的尺寸公差;旋转精度是指轴承内、外圈做相对转动时跳动的程度,包括成套轴承内、外圈的径向跳动,以及端面对滚道的跳动和端面对内孔的跳动等。

国家标准 GB/T 307.1—2005 规定,滚动轴承的精度等级按尺寸公差与旋转精度分为 0、6、5、4、2 五级,等级依次升高,即 0 级最低,2 级最高,具体等级如下。

(1) 向心轴承的精度等级分为 0、6、5、4、2 五级。

(2) 圆锥滚子轴承的精度等级分为 0、6x、5、4、2 五级。

(3) 推力球轴承的精度等级分为 0、6、5、4 四级。

其中,6x 和 6 级轴承的内、外径公差和径向跳动公差均相同,只是前者装配宽度要求较为严格。

2) 滚动轴承精度等级的应用

滚动轴承各级精度的应用情况如下。

(1) 0 级。0 级轴承在机械制造业中应用最广,通常称为普通级,在轴承代号标注时不予注出。它用于旋转精度、运动平稳性等要求不高的中等负荷、中等转速的一般机构中。如普通机床的变速机构和进给机构,以及汽车和拖拉机的变速机构等。

(2) 6(6x)级。6(6x)级轴承应用于旋转精度和运动平稳性要求较高或转速要求较高的旋转机构中。如普通机床主轴的后轴承和比较精密的仪器、仪表等的旋转机构中的轴承。

(3) 5、4 级。5、4 级轴承应用于旋转精度和转速要求高的旋转机构中。如高精度的车床和磨床、精密丝杠车床和滚齿机等的机床主轴轴承。

(4) 2 级。2 级轴承应用于旋转精度和转速要求特别高的精密机械的旋转机构中。如精密坐标镗床和高精度齿轮磨床及数控机床的主轴等的轴承。

3. 滚动轴承内、外径公差带及特点

1) 滚动轴承配合的基准制

由于滚动轴承是标准件,根据与标准件配合时,应以标准件为基准件来确定基准制的原则,滚动轴承配合的基准制确定如下。

(1) 滚动轴承内圈与轴颈的配合采用基孔制。

(2) 滚动轴承外圈与外壳孔的配合采用基轴制。

2) 滚动轴承内径公差带及特点

通常情况下，滚动轴承的内圈与轴一起旋转，为了防止内圈和轴颈的配合面之间相对滑动而导致磨损，影响轴承的工作性能和使用寿命，因此要求配合具有一定的过盈，但考虑到内圈是薄壁零件，过盈量又不能太大。

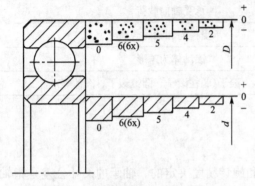

图 5.4 滚动轴承内、外径公差带

若过盈较大则会使薄壁的内圈产生较大的变形，影响轴承内部的游隙大小。因此，国家标准规定：滚动轴承内径为基准孔公差带，但其位置由原来的位于零线上方而改为位于以内径 d 为零线的下方，即上偏差为零，下偏差为负值，如图 5.4 所示。当轴承内圈与基本偏差代号为 k、m、n 等过渡配合的轴相配合时，会形成具有小过盈的配合，从而满足轴承内圈与轴颈配合的要求。

3) 滚动轴承外径公差带及特点

滚动轴承外圈安装在壳体孔中，通常不能旋转。工作时温度升高，会使轴膨胀，两端轴承中应有一端是游动支承，因此，可以使轴承外圈与壳体孔的配合稍微松一点，使之能补偿轴的热胀伸长。因此，国家标准规定滚动轴承外径为基准轴公差带，其位置位于以外径 D 为零线的下方，即上偏差为零，下偏差为负值，如图 5.4 所示。它与一般基轴制配合的基准轴公差带的基本偏差 h 相同，只是公差值不同。

4. 滚动轴承与轴和外壳孔的配合及选择

1) 轴颈和外壳孔的公差带

由于轴承内径(基准孔)和外径(基准轴)的公差带在轴承制造时已确定，因此轴承内圈和轴颈、外圈和壳体孔的配合面间的配合性质，主要由轴颈和外壳孔的公差带决定。也就是说，轴承配合的选择就是确定轴颈和外壳孔的公差带。

国家标准 GB/T 275—1993《滚动轴承与轴和外壳的配合》对与 0 级和 6(6x) 级轴承配合的轴颈规定了 17 种公差带，对外壳孔规定了 16 种公差带，如图 5.5 所示。

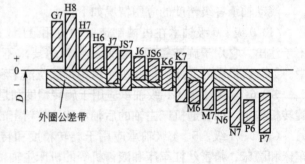

由图 5.5 可见，轴承内圈与轴颈的配合与 GB/T 1801—2009 中基孔制同名配合相比较，前者配合性质偏紧。h5、h6、h7、h8 轴颈与轴承内圈的配合已变成过渡配合，k5、k6、m5、m6、n6 轴颈与轴承内圈的配合为过盈较小的过盈配合，其余配合也都有所变紧。

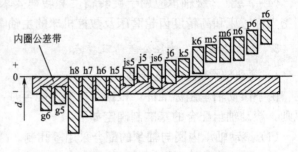

图 5.5 轴承与轴和外壳孔的配合公差带

轴承外圈与外壳孔的配合与 GB/T 1801—2009 中基轴制的同名配合相比较,虽然尺寸公差有所不同,但配合性质基本相同。

需要注意的是,国家标准对轴和外壳孔规定的公差带,只适用于下列范围。

(1) 轴承精度等级为 0 级、6(6x)级。

(2) 轴为实体或厚壁空心件。

(3) 轴颈材料为钢,外壳孔材料为铸铁。

(4) 轴承游隙为 0 组。

2) 滚动轴承与轴颈和外壳孔的配合选择

正确地选用滚动轴承与孔、轴的配合,对于保证机器的正常运转、延长轴承使用寿命、充分发挥轴承的承载能力、满足机器的性能要求影响极大。在选用滚动轴承时,应根据轴承的工作条件,以及作用在轴承上负荷的类型、大小,确定与轴承相配的轴和壳体孔的公差带,还应考虑工作温度、轴承类型和尺寸、旋转精度和速度等一系列因素。

选择时主要考虑下列因素。

(1) 轴承承受负荷的类型。作用在轴承套圈上的径向负荷一般是由定向负荷和旋转负荷合成的。根据轴承套圈所承受负荷的具体情况不同,可分为定向负荷、旋转负荷和摆动负荷 3 类,如图 5.6 所示。

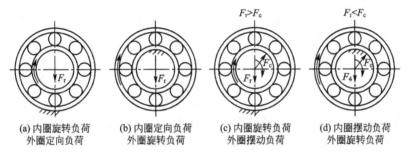

(a) 内圈旋转负荷　(b) 内圈定向负荷　(c) 内圈旋转负荷　(d) 内圈摆动负荷
　　外圈定向负荷　　　外圈旋转负荷　　　外圈摆动负荷　　　外圈旋转负荷

图 5.6 滚动轴承套圈承受的负荷类型

F_r—径向负荷；F_c—旋转负荷

① 定向负荷。作用在轴承上的合成径向负荷与套圈相对静止,即负荷方向始终不变地作用在套圈滚道的局部区域上,该套圈所承受的这种负荷称为定向负荷。当套圈承受定向负荷时,配合应选松一些,通常选用过渡配合或具有极小间隙的间隙配合。

② 旋转负荷。作用在轴承上的合成径向负荷与套圈相对旋转,即合成径向负荷顺次地作用在套圈滚道的整个圆周上,该套圈所承受的这种负荷称为旋转负荷。当套圈承受旋转负荷时,配合应选较紧的配合,通常应选用过盈量较小的过盈配合或有一定过盈量的过渡配合。

③ 摆动负荷。作用在轴承上的合成径向负荷与套圈在一定区域内相对摆动,即其负荷向量经常变动地作用在套圈滚道的局部圆周上,该套圈所承受的这种负荷称为摆动负荷。当套圈承受摆动负荷时,配合可与旋转负荷相同或略松一些,当带有冲击或振动负荷时,选择配合应适当紧一些。

当 $F_r > F_c$ 时,如图 5.7 所示,合成负荷在轴承下方 AB 区域内摆动,不旋转的套圈承受摆动负荷,旋转的套圈承受旋转负荷;当 $F_r < F_c$ 时,合成负荷沿整个圆周变动,不旋转的套圈承受旋转负荷,而旋转的套圈承受摆动负荷。

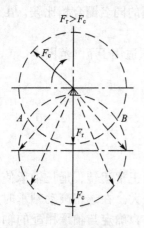

图 5.7 摆动负荷的变化

(2) 轴承负荷的大小。滚动轴承套圈与轴和外壳孔配合的松紧程度取决于负荷的大小。国家标准 GB/T 275—1993《滚动轴承与轴和外壳的配合》规定：向心轴承按其径向负荷 F_r 与额定动载荷 C_r 的比值将负荷状态分为轻负荷、正常负荷和重负荷 3 类，见表 5-3。

选择滚动轴承与轴和外壳孔的配合与负荷的大小有关。负荷越大，过盈量应选得越大，因为在重负荷作用下，轴承套圈容易变形，使配合面受力不均匀，引起配合松动。因此，承受冲击负荷的轴承与轴颈和外壳孔的配合应比承受平稳负荷的选用较紧的配合。同理，承受较轻的负荷，可选较小的过盈配合。

表 5-3 向心轴承负荷状态分类

负荷状态	轻负荷	正常负荷	重负荷
F_r/C_r	≤0.07	>0.07～0.15	>0.15

(3) 轴承尺寸大小。考虑到变形大小与基本尺寸有关，因此，随着轴承尺寸的增大，选择的过盈配合的过盈量越大，间隙配合的间隙量越大。但对于重型机械上使用的特别大尺寸的轴承，应采用较松的配合。

(4) 工作温度。轴承工作时，由于摩擦发热和其他热源的影响，轴承套圈的温度经常高于与其相配合轴颈和外壳孔的温度。因此，轴承内圈会因热膨胀与轴颈的配合变松，而轴承外圈则因热膨胀与外壳孔的配合变紧，从而影响轴承的轴向游动。当轴承工作温度高于 100℃ 时，应对所选的配合适当修正（减小外圈与壳体孔的配合过盈，增加内圈与轴颈的配合过盈）。

(5) 旋转精度和旋转速度。对于承受较大负荷且旋转精度要求较高的轴承，为了消除弹性变形和振动的影响，应避免采用间隙配合，但也不宜太紧。轴承的旋转速度越高，应选用越紧的配合。

(6) 其他因素。空心轴颈比实心轴颈，薄壁壳体比厚壁壳体，轻合金壳体比钢或铸铁壳体采用的配合要紧些；部分式壳体比整体式壳体采用的配合要松些，以避免过盈将轴承外圈夹扁，甚至将轴卡住。

为了便于安装、拆卸，特别对于重型机械，宜采用较松的配合。如果要求拆卸，而又要用较紧配合时，可采用分离型轴承或内圈带锥孔和紧定套或退卸套的轴承。当要求轴承的内圈或外圈沿轴向游动时，该内圈与轴或外圈与外壳孔的配合，应选较松的配合。

3) 轴颈和外壳孔的公差等级与公差带的选择

轴承的精度决定与之相配合的轴、外壳孔的公差等级。一般情况下，与 0、6(6x) 级轴承配合的轴，其公差等级一般为 IT6，外壳孔为 IT7。在对旋转精度和运转平稳性有较高要求的场合，轴承公差等级及与之配合的零部件精度都应相应提高。

与向心轴承配合的轴公差带代号按表 5-4 所示选择；与向心轴承配合的外壳孔公差带代号按表 5-5 所示选择。

表 5-4　和向心轴承配合的轴公差带代号（摘自 GB/T 275—1993）

圆柱孔轴承						
运转状态		负荷状态	深沟球轴承、调心球轴承和角接触球轴承	圆柱滚子轴承和圆锥滚子轴承	调心滚子轴承	公差带
说明	应用举例		轴承公称内径/mm			
旋转的内圈负荷或摆动负荷	一般通用机械、电动机、机床主轴、泵、内燃机、正齿轮传动装置、铁路机车车辆轴箱、破碎机等	轻负荷	≤18 >18～100 >100～200 —	— ≤40 >40～140 >140～200	— ≤40 >40～100 >100～200	h5① j6① k6① m6①
		正常负荷	≤18 >18～100 >100～140 >140～200 >200～280 — —	— ≤40 >40～100 >100～140 >140～200 >200～400 —	— ≤40 >40～65 >65～100 >100～140 >140～280 >280～500	j5、js5 k5② m5② m6② n6 p6 r6
		重负荷		>50～140 >140～200 >200	>50～100 >100～140 >140～200 >200	n6③ g6 h6 j6
固定的内圈负荷	静止轴上的各种轮子、张紧轮、绳轮、振动筛、惯性振动器	所有负荷	所有尺寸			f6① g6 h6 j6
纯轴向负荷			所有尺寸			j6、js6
圆锥孔轴承						
所有负荷	铁路机车车辆轴箱		装在退卸套上的所有尺寸			h8(IT6)⑤、④
	一般机械传动		装在紧定套上的所有尺寸			h9(IT7)④、⑤

① 凡对精度有较高要求的场合，应用 j5、k5 等代替 j6、k6 等；
② 圆锥滚子轴承、角接触球轴承配合对游隙的影响不大，可用 k6、m6 代替 k5、m5 等；
③ 重负荷下轴承游隙应选大于 0 组；
④ 凡有较高的精度或转速要求的场合，应选 h7(IT5)代替 h8(IT6)；
⑤ IT6、IT7 表示圆柱度公差数值。

表 5-5 和向心轴承配合的外壳孔公差带代号（摘自 GB/T 275—1993）

运转状态		负荷状态	其他情况	公差带[①]	
说明	举例			球轴承	滚子轴承
固定的外圈负荷	一般机械、铁路机车车辆轴箱、电动机、泵、曲轴主轴承	轻、正常、重	轴向易移动，可采用剖分式外壳	H7、G7[②]	
		冲击	轴向能移动，采用整体式或剖分式外壳	J7、JS7	
摆动负荷		轻、正常			
		正常、重		K7	
		冲击		M7	
旋转的外圈负荷	张紧滑轮、轮毂轴承	轻	轴向不移动，采用整体式外壳	J7	K7
		正常		K7、M7	M7、N7
		重		—	N7、P7

① 并列公差带随尺寸的增大从左到右选择，对旋转精度有较高要求时可相应提高一个公差等级；
② 不适合于剖分式外壳。

4）配合表面与端面的形位公差和表面粗糙度的选择

为了保证轴承的正常运转，除了正确选择轴承与轴颈和外壳孔的公差等级及配合，同时对轴颈及外壳孔的形位公差及表面粗糙度也要提出相应要求。为避免套圈安装后产生变形，轴颈和外壳孔的尺寸公差和形位公差应采用包容要求，并规定更严格的圆柱度公差，对轴肩和外壳孔端面还应规定端面圆跳动公差。

（1）配合表面及端面的形位公差。GB/T 275—1993 规定了与轴承配合的轴颈和外壳孔表面的圆柱度公差、轴肩及外壳孔端面的端面圆跳动公差，其形位公差值见表 5-6。

表 5-6 轴和外壳孔的形位公差值（摘自 GB/T 275—1993）

基本尺寸/mm		圆柱度 t				端面圆跳动 t_1			
		轴颈		外壳孔		轴肩		外壳孔肩	
		轴承公差等级							
		0	6(6x)	0	6(6x)	0	6(6x)	0	6(6x)
超过	到	公差值/μm							
	6	2.5	1.5	4	2.5	5	3	8	5
6	10	2.5	1.5	4	2.5	6	4	10	6
10	18	3.0	2.0	5	3.0	8	5	12	8
18	30	4.0	2.5	6	4.0	10	6	15	10
30	50	4.0	2.5	7	4.0	12	8	20	12
50	80	5.0	3.0	8	5.0	15	10	25	15
80	120	6.0	4.0	10	6.0	15	10	25	15
120	180	8.0	5.0	12	8.0	20	12	30	20
180	250	10.0	7.0	14	10.0	20	12	30	20
250	315	12.0	8.0	16	12.0	25	15	40	25
315	400	13.0	9.0	18	13.0	25	15	40	25
400	500	15.0	10.0	20	15.0	25	15	40	25

（2）配合表面及端面的粗糙度要求。表面粗糙度的大小不仅影响配合的性质，还会影响连接强度，因此，凡是与轴承内、外圈配合的表面通常都对粗糙度提出了较高的要求，按表5-7选择。

表5-7 配合面的表面粗糙度（摘自 GB/T 275—1993）

轴或外壳孔直径/mm		轴或外壳孔配合表面直径公差等级								
		IT7			IT6			IT5		
		表面粗糙度参数 Ra 及 Rz 值/μm								
大于	到	Rz	Ra		Rz	Ra		Rz	Ra	
			磨	车		磨	车		磨	车
—	80	10	1.6	3.2	6.3	0.8	1.6	4	0.4	0.8
80	500	16	1.6	3.2	10	1.6	3.2	6.3	0.8	1.6
端面		25	3.2	6.3	25	3.2	6.3	10	1.6	3.2

5. 滚动轴承配合选用的步骤

滚动轴承配合选择时，可按照以下步骤进行。

（1）根据轴承的工作条件和功能要求，确定轴承的精度等级，通常0级、6(6x)级轴承在机械制造业中应用较多。

（2）根据轴承工作的实际情况，再参考图5.6及表5-3，判断轴承的负荷类型及负荷大小；然后综合考虑确定轴承与轴和外壳孔配合的配合性质；再查表5-4及表5-5确定与轴承配合的轴颈和外壳孔的公差带代号。

（3）根据基本尺寸及轴承精度等级，查表5-6，确定轴和外壳孔的形位公差数值（主要是圆柱度和端面圆跳动）；为避免套圈安装后变形，轴和外壳孔的尺寸精度和形位精度要满足包容要求。

（4）根据轴或外壳孔的直径和公差等级，查表5-7，确定轴和外壳孔的表面粗糙度数值。

（5）根据形位公差及表面粗糙度的标注方法，在图样上进行正确的标注。

【例5-1-1】 与6级6309滚动轴承配合的轴颈公差带为$\phi 45j5$，外壳孔的公差带为$\phi 100H6$。已知轴承内径公差为0.01mm，外径公差为0.013mm。试画出这两对配合的孔、轴公差带示意图，并计算它们的极限间隙或过盈。

解：（1）根据滚动轴承内、外径的公差带特点，得轴承内、外径的公差带为内径$\phi 45_{-0.01}^{\ 0}$mm，外径$\phi 100_{-0.013}^{\ 0}$mm。

（2）查表1-1、表1-2，确定轴颈$\phi 45j5$的公差带为$\phi 45_{-0.005}^{+0.006}$mm。

（3）查表1-1、表1-3，确定轴颈$\phi 100H6$的公差带为$\phi 100_{0}^{+0.022}$mm。

（4）画出轴承内圈与轴颈、轴承外圈与外壳孔配合的公差带，如图5.8所示。

由内圈与轴颈配合的公差带图知，内圈与轴颈的公差带相互交叠，属于过渡配合。根据式(1-13)、式(1-14)，计算最大间隙和最大过盈，即

$$X_{max} = ES - ei = 0 - (-0.005) = 0.005 \text{(mm)}$$

$$Y_{max} = EI - es = -0.010 - 0.006 = -0.016 \text{(mm)}$$

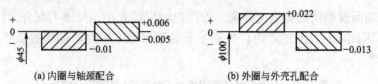

图 5.8 轴承配合的公差带示意图

由外圈与外壳孔配合的公差带图知，外壳孔的公差带在外圈公差带的上方，属于间隙配合。根据式(1-9)、式(1-10)，计算最大间隙和最小间隙，即

$$X_{max}=ES-ei=0.022-(-0.013)=0.035(mm)$$
$$X_{min}=EI-es=0-0=0$$

5.1.4 实训项目

1. 实训目的

(1) 掌握国家标准关于"滚动轴承的精度等级及公差带"规定的基本内容。
(2) 掌握正确选择与滚动轴承配合的轴颈和外壳孔公差带的基本原则、方法和步骤。
(3) 能够对轴颈和外壳孔的尺寸公差、形位公差及表面粗糙度进行正确的选择。

2. 实训内容

有一圆柱齿轮减速器，小齿轮要求有较高的旋转精度，装有 0 级单列深沟球轴承，其内径为 50mm，外径为 110mm，该轴承承受一个 4000N 的径向负荷，轴承的额定动负荷为 31000N，内圈随轴一起转动，外圈固定，试完成以下内容。
(1) 写出与轴承配合的轴径、外壳孔的公差带代号。
(2) 画出公差带图，计算出内圈与轴、外圈与孔配合的极限间隙、极限过盈。
(3) 计算轴径和外壳孔的形位公差和表面粗糙度参数值。

任务 5.2 键的公差配合与测量

5.2.1 任务描述

识读图 2.62 所示的变速箱输入轴图样，完成下列任务。
(1) 选择键的类型。
(2) 确定 ϕ35r7 轴径上的键的公称尺寸。
(3) 确定键、轴槽及轮毂槽的公差带及键联接的配合类型。
(4) ϕ35r7 轴径与齿轮孔 ϕ35H8 配合，将轴槽和轮毂槽的剖面尺寸及公差带、相应的形位公差和各个表面的粗糙度参数值标注在断面图上。

5.2.2 任务实施

1. 确定键联接的类型

变速箱输入轴中的键起传递运动和转矩的作用，属于一般键联接，选择机械制造业中应用最为广泛的平键联接即可。

2. 确定键联接的公称尺寸

由表 5-8，查得 $\phi 35 r7$ 轴径上平键的公称尺寸为 $10mm \times 8mm$。

3. 确定轴槽和轮毂槽的公差带

由于国家标准对键宽 b 只规定了 h9 一种公差带，故键的公差带取 h9；根据零件使用功能要求，键在轴槽和轮毂槽中均固定，且载荷不大，确定配合种类为正常联接，查表 5-9，确定轴槽公差带为 N9、轮毂槽公差带为 JS9。

4. 确定轴槽和轮毂槽及轴槽深和轮毂槽深的极限偏差

(1) 根据 2)、3)确定的轴槽和轮毂槽的公差带，查表 5-10，确定轴槽尺寸的公差带为 $10N9(_{-0.036}^{0})$，轮毂槽尺寸的公差带为 $10JS9(\pm 0.018)$。

(2) 查表 5-8，确定轴槽深 $t_1 = 5_{0}^{+0.2}$mm，考虑测量方便，需计算 $(d-t_1)$ 的值，其极限偏差与 t_1 相反，故 $d-t_1 = 30_{-0.2}^{0}$mm。

(3) 查表 5-8，确定轮毂槽深 $t_2 = 3.3_{0}^{+0.2}$mm，考虑测量方便，需计算 $(d+t_2)$ 的值，其极限偏差与 t_2 相同，故 $d+t_2 = 38.3_{0}^{+0.2}$mm。

5. 确定键联接形位公差

轴槽对轴线及轮毂槽对孔轴线的对称度公差等级按国家标准 GB/T 1184—1996《形状和位置公差 未注公差值》中的 9 级选取，查表 2-6，确定其公差数值为 0.03mm。

6. 确定键联接的表面粗糙度

根据表面粗糙度的选择原则及经验，轴槽及轮毂槽侧面表面粗糙度 Ra 值确定为 $3.2\mu m$，轴槽和轮毂槽底面的表面粗糙度 Ra 值确定为 $6.3\mu m$。

7. 标注键槽的尺寸及公差

按照尺寸公差和形位公差的正确标注方法，标注键槽的尺寸及公差，如图 5.9 所示。

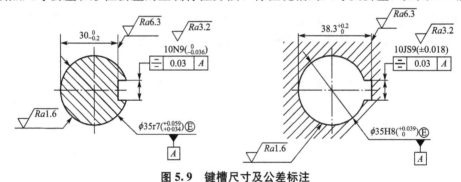

图 5.9 键槽尺寸及公差标注

5.2.3 知识链接

1. 键联接的用途与分类

1) 键联接的用途

键联接是机械制造业中最常见的联接方式之一，它用作轴和轴上传动件（如齿轮、带轮、手轮和联轴器等）之间的可拆联接，主要用于传递运动和转矩。必要时，配合件之间还可以有轴向相对运动(如变速箱中的滑移齿轮可以沿花键轴向移动),在轴向传动件中起导向作用。

2) 键联接的分类

键联接根据其结构形式和功能要求不同,可分为单键联接和花键联接两大类。

(1) 单键联接分为平键、半圆键、切向键和楔形键等,其中平键和半圆键的应用最为广泛。

(2) 花键联接按其键齿形状分为矩形花键、渐开线花键和三角形花键 3 种,其中矩形花键在生产中应用广泛。

2. 单键联接的公差与配合

单键联接中以平键联接应用最为广泛,平键联接由键、轴槽和轮毂槽 3 部分组成,如图 5.10 所示。图中,b 为键宽,d 为轴和轴毂的公称直径,键长为 L,键高为 h,t_1 和 t_2 分别为轴键槽的深度和轮毂键槽的深度。

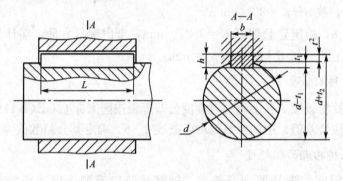

图 5.10 平键联接的几何参数

平键联接通过键的侧面分别与轴槽、轮毂槽的侧面接触以传递运动和转矩,键的上表面和轮毂槽底面留有 0.2~0.5mm 的间隙。因此,键和轴槽的侧面应有足够大的实际有效接触面积来承受负荷,并且键嵌入轴槽时要牢固可靠,以防止松动脱落。所以,键和键槽宽 b 是决定配合性质和配合精度的主要参数,为主要配合尺寸,应规定较严格的公差;而键长 L、键高 h、轴槽深 t_1 和轮毂槽深 t_2 为非配合尺寸,其精度要求较低。

平键联接的几何参数数值见表 5-8。

表 5-8 平键的公称尺寸和槽深尺寸及极限偏差(摘自 GB/T 1095—2003)

(单位:mm)

轴径	键	轴槽			轮毂槽		
基本尺寸 d	公称尺寸 $b×h$	t_1		$(d-t_1)$	t_2		$(d+t_2)$
		公称尺寸	极限偏差	极限偏差	公称尺寸	极限偏差	极限偏差
>6~8	2×2	1.2	+0.1 0	0 -0.1	1	+0.1 0	+0.1 0
>8~10	3×3	1.8			1.4		
>10~12	4×4	2.5			1.8		
>12~17	5×5	3.0			2.3		
>17~22	6×6	3.5			2.8		

(续)

轴径	键	轴槽			轮毂槽		
基本尺寸 d	公称尺寸 $b \times h$	t_1		$(d-t_1)$	t_2		$(d+t_2)$
		公称尺寸	极限偏差	极限偏差	公称尺寸	极限偏差	极限偏差
>22~30	8×7	4.0	+0.2 0	0 −0.2	3.3	+0.2 0	+0.20
>30~38	10×8	5.0			3.3		
>38~44	12×8	5.0			3.3		
>44~50	14×9	5.5			3.8		
>50~58	16×10	6.0			4.3		
>58~65	18×11	7.0			4.4		
>65~75	20×12	7.5			4.9		

1) 配合尺寸的公差与配合

在键与键槽的配合中,键是"轴",键槽是"孔"。键同时要与轴槽和轮毂槽两个配合,而且配合性质又不同,由于平键是标准件,因此平键配合采用基轴制。

国家标准 GB/T 1096—2003《普通型 平键》对键宽 b 只规定了一种公差带,即 h9。国家标准 GB/T 1095—2003《平键 键槽的剖面尺寸》对平键与键槽和轮毂槽的配合规定了松联接、正常联接和紧密联接 3 种联接类型,对轴槽和轮毂槽的宽度各规定了 3 种公差带,从而构成了 3 种不同性质的配合,以满足各种不同性质的需要。平键联接配合的公差带图,如图 5.11 所示;各种配合的配合性质和适用场合见表 5-9。

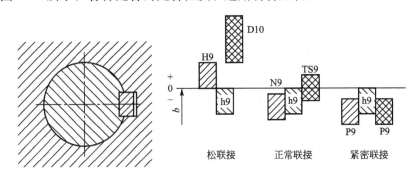

图 5.11 平键联接配合的公差带图

▨——键宽公差带; ▨——轴槽宽公差带; ▨——轮毂槽宽公差带

表 5-9 平键联接的 3 种配合及应用场合

配合种类	尺寸 b 的公差带			应用
	键	轴槽	轮毂槽	
松联接	h9	H9	D10	轮毂可在轴上移动,主要用于导向平键
正常联接	h9	N9	JS9	键固定在键槽和轮毂槽中,主要用于载荷不大的场合
紧密联接	h9	P9	P9	键牢固地固定在轴槽和轮毂槽中,用于载荷较大、有冲击和传递双向扭矩的场合

2) 非配合尺寸的公差与配合

平键联接的非配合尺寸中，轴槽深 t_1、轮毂槽深 t_2、槽底面及侧面交角半径 r 的极限尺寸由国家标准 GB/T 1095—2003《平键 键槽的剖面尺寸》规定，见表 5-10。键高 h 的公差带一般采用 h11，键长 L 的公差带一般采用 h14，轴键槽长度的公差带一般采用 H14。

表 5-10 普通平键键槽的尺寸及公差 (GB/T 1095—2003) （单位：mm）

轴的公称直径 d 推荐值	键尺寸 $b\times h$	键槽									
		宽度 b						深度				半径 r	
		基本尺寸	极限偏差					轴 t_1		毂 t_2			
			正常联接		紧密联接	松联接		基本尺寸	极限偏差	基本尺寸	极限偏差	min	max
			轴 N9	毂 JS9	轴和毂 P9	轴 H9	毂 D10						
>6~8	2×2	2	−0.004 −0.029	±0.0125	−0.006 −0.031	+0.025 0	+0.060 +0.020	1.2	+0.1 0	1.0	+0.1 0	0.08	0.16
>8~10	3×3	3						1.8		1.4			
>10~12	4×4	4	0 −0.030	±0.015	−0.012 −0.042	+0.030 0	+0.078 +0.030	2.5		1.8			
>12~17	5×5	5						3.0		2.3			
>17~22	6×6	6						3.5		2.8		0.16	0.25
>22~30	8×7	8	0 −0.036	±0.018	−0.015 −0.051	+0.036 0	+0.098 +0.040	4.0		3.3			
>30~38	10×8	10						5.0		3.3			
>38~44	12×8	12						5.0		3.3			
>44~50	14×9	14	0 −0.043	±0.0215	−0.018 −0.061	+0.043 0	+0.120 +0.050	5.5		3.8		0.25	0.40
>50~58	16×10	16						6.0		4.3			
>58~65	18×11	18						7.0	+0.2 0	4.4	+0.2 0		
>65~75	20×12	20						7.5		4.9			
>75~85	22×14	22	0 −0.052	±0.026	−0.022 −0.074	+0.052 0	+0.149 +0.065	9.0		5.4		0.4	0.60
>85~95	25×14	25						9.0		5.4			
>95~110	28×16	28						10.0		6.4			
>110~130	32×18	32						11.0		7.4			
>130~150	36×20	36						12.0		8.4			
>150~170	40×22	40	0 −0.062	±0.031	−0.026 −0.088	+0.062 0	+0.180 +0.080	13.0	+0.3 0	9.4	+0.3 0	0.7	1.00
>170~200	45×25	45						15.0		10.4			
>200~230	50×28	50						17.0		11.4			

3) 键和键槽的形位公差及表面粗糙度

为了保证键联接的装配质量，国家标准对键槽规定了相应的形位公差要求。

(1) 轴槽对轴的轴线和轮毂槽对孔的轴线的对称度公差。为保证键和键槽侧面之间有足够的接触面积，避免装配困难，应分别规定轴槽对轴线和轮毂槽对孔的轴线的对称度公差。根据不同的功能要求和键宽的基本尺寸 b，对称度公差等级可按 GB/T 1184—1996 中的规定选取，一般取 7～9 级。

（2）键的两个配合侧面的平行度公差。当键长 L 与键宽 b 之比 $L/b \geqslant 8$ 时，键两工作侧面在长度方向上规定平行度公差，其公差值应按 GB/T 1184—1996 中的规定选取：当 $b \leqslant 6\text{mm}$ 时，平行度公差选 7 级；当 $6\text{mm} < b < 36\text{mm}$ 时，平行度公差选 6 级；当 $b \geqslant 37\text{mm}$ 时，平行度公差选 5 级。

4）键槽的表面粗糙度

轴槽和轮毂槽两侧面的表面粗糙度参数 Ra 一般为 $1.6\sim3.2\mu m$；轴槽和轮毂槽底面的表面粗糙度参数 Ra 值一般为 $6.3\sim12.5\mu m$。

5）键槽尺寸和公差的标注

轴槽和轮毂槽的剖面尺寸、形位公差及表面粗糙度在图样上的标注如图 5.12 所示。

考虑到测量方便，在工作图中，轴槽深 t_1 用 $(d-t_1)$ 标注，其极限偏差与 t_1 相反；轮毂槽深 t_2 用 $(d+t_2)$ 标注，其极限偏差与 t_2 相同。

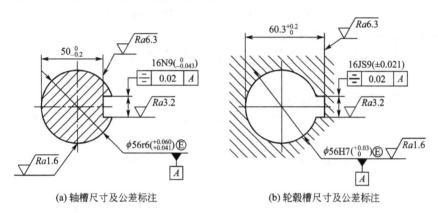

(a) 轴槽尺寸及公差标注　　(b) 轮毂槽尺寸及公差标注

图 5.12　键槽尺寸及公差标注

3. 单键联接的公差与配合的设计步骤

单键联接时，可按下列步骤进行选择。

1）确定键联接的类型

根据键联接的实际使用情况，确定键的类型，通常选择机械制造业中应用最为广泛的平键联接。

2）确定键联接的公称尺寸

由表 5-8，根据轴颈的基本尺寸，确定平键的公称尺寸。

3）确定轴槽和轮毂槽的公差带

由于国家标准对键宽 b 只规定了 h9 一种公差带，故键的公差带取 h9；根据零件使用功能要求，确定配合种类，再查表 5-9，确定轴槽公差带和轮毂槽公差带。

4）确定轴槽和轮毂槽及轴槽深和轮毂槽深的极限偏差

（1）根据确定的轴槽和轮毂槽的公差带，查表 5-10，确定轴槽和轮毂槽尺寸的公差带。

（2）查表 5-8，确定轴槽深 t_1 及其极限偏差，考虑测量方便，需计算 $(d-t_1)$ 的值，并确定其极限偏差。

(3) 查表 5-8，确定轮毂槽深 t_2 及其极限偏差，考虑测量方便，需计算 $(d+t_2)$ 的值，并确定其极限偏差。

5) 确定键联接形位公差

轴槽对轴线及轮毂槽对孔轴线的对称度公差等级按国家标准 GB/T 1184—1996 中的 7~9 级选取，再查表 2-6，确定其公差数值。

6) 确定键联接的表面粗糙度

根据表面粗糙度的选择原则及经验，轴槽及轮毂槽侧面表面粗糙度 Ra 值确定为 1.6~3.2μm，轴槽和轮毂槽底面的表面粗糙度 Ra 值确定为 6.3μm。

7) 标注键槽的尺寸及公差

按照尺寸公差和形位公差的正确标注方法，标注键槽的尺寸及公差。

【例 5-2-1】 已知齿轮减速器输出轴与齿轮配合为 φ60H7/m6，采用普通平键联接传递扭矩，齿轮宽度为 63mm。试选择平键的规格，确定键槽的相应尺寸及其极限偏差、形位公差和表面粗糙度，并标注在图样上。

解：1) 确定键联接的公差尺寸

由表 5-8，查得 φ60mm 轴径上平键的公称尺寸为 18mm×11mm。

2) 确定轴槽和轮毂槽的公差带

根据零件使用功能要求，该处键的联接属于正常联接，查表 5-9，确定轴槽公差带为 N9、轮毂槽公差带为 JS9。

3) 确定轴槽和轮毂槽及槽深和轮毂槽深的极限偏差

(1) 查表 5-10，确定轴槽尺寸的公差带为 $18N9(^{\ 0}_{-0.043})$，轮毂槽尺寸的公差带为 $18JS9(\pm 0.021)$。

(2) 查表 5-8，确定轴槽深 $t_1=7^{+0.2}_{\ 0}$mm，考虑测量方便，需计算 $(d-t_1)$ 的值，其极限偏差与 t_1 相反，故 $d-t_1=53^{\ 0}_{-0.2}$mm。

(3) 查表 5-8，确定轮毂槽深 $t_2=4.4^{+0.2}_{\ 0}$mm，考虑测量方便，需计算 $(d+t_2)$ 的值，其极限偏差与 t_2 相同，故 $d+t_2=64.4^{+0.2}_{\ 0}$mm。

4) 确定键联接形位公差

轴槽对轴线及轮毂槽对孔轴线的对称度公差等级按国家标准 GB/T 1184—1996 中的 8 级选取，查表 2-6，确定其公差数值为 0.02 mm。

5) 确定键联接的表面粗糙度

根据表面粗糙度的选择原则及经验，轴槽及轮毂槽侧面表面粗糙度 Ra 值确定为 3.2μm，轴槽和轮毂槽底面的表面粗糙度 Ra 值确定为 6.3μm。

6) 标注键槽的尺寸及公差

按照尺寸公差和形位公差的正确标注方法，标注键槽的尺寸及公差，如图 5.13 所示。

4. 花键联接

1) 花键联接概述

花键联接是由内花键（花键孔）和外花键（花键轴）两个零件组成的，它是把键和轴、键槽和轮毂做成一个整体的联接件，它既可以是固定联接，也可以是滑动联接。

与单键联接相比，花键联接具有以下特点。

(1) 花键与轴或孔为一整体，强度高，负荷分布均匀，可传递较大的转矩。

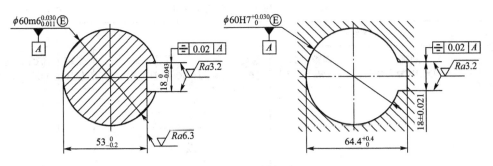

图 5.13　图样标注

(2) 花键联接可靠,导向精度高,定心性好,易达到较高的同轴度要求。

(3) 花键的加工制造比单键复杂,其成本也比较高。

花键按其键齿形状的不同,可分为矩形花键、渐开线花键、三角形花键等几种,其中矩形花键应用最广。

2) 矩形花键的尺寸系列

矩形花键的每一个键的两侧都是平行的,主要有 3 个配合尺寸,即大径 D、小径 d 和键宽(键槽宽)B,如图 5.14 所示。

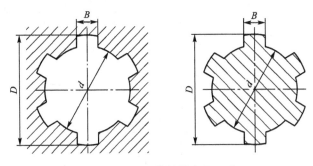

图 5.14　矩形花键的主要尺寸

国家标准 GB/T 1144—2001《矩形花键尺寸、公差和检验》规定了矩形花键的键数 N 为偶数,分别为 6、8、10 三种,沿圆周均匀分布,便于加工和测量。

按承载能力的大小,矩形花键分为轻系列、中系列两种规格。轻系列键高尺寸较小,承载能力较低;中系列键高尺寸较大,承载能力较强。同一小径的轻系列和中系列的键数相同,键宽(键槽宽)也相同,仅大径不同。矩形花键的尺寸系列见表 5-11。

3) 矩形花键的定心方式

矩形花键联接的功能要求是保证内、外花键联接后具有较高的同轴度并能传递较大的扭矩。联接时,矩形花键的大径 D、小径 d 和键宽(键槽宽)B 这 3 个主要配合尺寸同时参与配合,要使其同时配合得很精确是困难的,而且也不必要。根据不同的使用要求,花键的 3 个结合面中,只能以其中的一个结合面为主来确定内、外花键的配合性质。

确定配合性质的表面称为定心表面。每个结合面都可作为定心表面,因此,矩形花键结合面有 3 种定心方式:小径 d 定心、大径 D 定心和键宽(键槽宽)B 定心,如图 5.15 所示。

表 5-11 矩形花键的尺寸系列　　　　　　　　　　（单位：mm）

小径 (d)	轻系列				中系列			
	规格 (N×d×D×B)	键数 (N)	大径 (D)	键宽 (B)	规格 (N×d×D×B)	键数 (N)	大径 (D)	键宽 (B)
11					6×11×14×3	6	14	3
13					6×13×16×3.5		16	3.5
16					6×16×20×4		20	4
18					6×18×22×5		22	5
21					6×21×25×5		25	
23	6×23×26×6	6	26	6	6×23×28×6		28	6
26	6×26×30×6		30		6×26×32×6		32	
28	6×28×32×7		32	7	6×28×34×7		34	7
32	8×32×36×6	8	36	6	8×32×38×6	8	38	6
36	8×36×40×7		40	7	8×36×42×7		42	7
42	8×42×46×8		46	8	8×42×48×8		48	8
46	8×46×50×9		50	9	8×46×54×9		54	9
52	8×52×58×10		58	10	8×52×60×10		60	10
56	8×56×62×10		62		8×56×65×10		65	
62	8×62×68×12		68	12	8×62×72×12		72	12
72	10×72×78×12	10	78		10×72×82×12	10	82	
82	10×82×88×12		88		10×82×92×12		92	
92	10×92×98×14		98	14	10×92×102×14		102	14
102	10×102×108×16		108	16	10×102×112×16		112	16
112	10×112×120×18		120	18	10×112×125×18		125	18

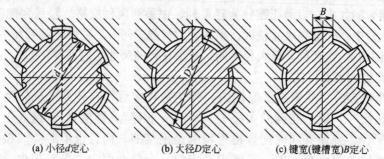

(a) 小径 d 定心　　　　(b) 大径 D 定心　　　　(c) 键宽(键槽宽) B 定心

图 5.15 矩形花键的定心方式

（1）大径 D 定心。采用大径定心，内花键定心表面的精度依靠拉削加工工艺保证。当内花键定心表面的硬度要求高（40HRC）时，热处理后的变形难以用拉刀修正；当内花键定心表面的表面粗糙度要求高（$Ra<0.36\mu m$）时，用拉削工艺难以保证；拉削加工后的花键

孔要求硬度较高时，热处理后的花键孔变形很难用拉刀来修正；此外，定心精度和表面粗糙度要求较高的花键，拉削工艺也很难保证加工的质量要求。在单件小批量生产及大规格花键中，内花键也难以采用拉削工艺，因而采用大径定心的加工方法不经济。

（2）小径定心。采用小径定心，热处理后的花键孔小径的变形量可以通过内圆磨削进行修复，使其具有较高的尺寸精度和更小的表面粗糙度；同时，花键轴（外花键）的小径也可通过成形磨削，达到所要求的精度。

为了保证花键联接具有较高的定心精度、较好的定心稳定性、较长的使用寿命，国家标准 GB/T 1144—2001《矩形花键尺寸、公差和检验》规定了花键联接采用小径定心，即把小径的结合面作为定心表面，规定较高的精度，非定心的大径表面公差等级较低，并有相当大的间隙，保证它们不接触。

（3）键宽（键槽宽）定心。对于键和键槽的侧面，无论其是否作为定心表面，因为其有传递扭矩和导向的作用，所以键宽与键槽宽 B 的尺寸都应有足够的精度。

4）矩形花键的公差与配合

为减少专用刀具和量具的规格，降低成本，国家标准 GB/T 1144—2001 规定了矩形花键联接采用基孔制，即内花键 d、D 和 B 的基本偏差不变，依靠改变外花键 d、D 和 B 的基本偏差来形成不同松紧要求的配合性质。

（1）矩形花键公差带的选择。按配合精度的高低，矩形花键的公差与配合分为一般用和精密传动用两类。传递扭矩大或定心精度要求高时，应选用精密传动用的尺寸公差带；否则，可选用一般用的尺寸公差带。

对一般用的内花键，硬度要求不高，加工后不再热处理的，公差带规定为 H9；加工后需要进行热处理且不需要校正的硬度高的内花键，公差带规定为 H11；对于精密传动用内花键，当联接要求键槽配合间隙较小时，键槽宽公差带选用 H7，一般情况选用 H9。各种配合的公差带，见表 5-12。

表 5-12 矩形花键的尺寸公差带

内花键				外花键			装配形式
d	D	B		d	D	B	
		拉削后不热处理	拉削后热处理				
一般用							
H7	H10	H9	H11	f7	a11	d10	滑动
				g7		f9	紧滑动
				h7		h10	固定
精密传动用							
H5				f5		d8	滑动
				g5		f7	紧滑动
	H10	H7、H9		h5	a11	h8	固定
H6				f6		d8	滑动
				g6		f7	紧滑动
				h6		h8	固定

以小径 d 定心的公差带，在一般情况下，内、外花键取相同的公差等级，主要是考虑到花键采用小径定心，可以使拉削加工的难度由内花键转为外花键。但在有些情况下，内花键允许与高一级的外花键配合。如公差带为 H7 的内花键可以与公差带为 f6、g6、h6 的外花键配合，公差带为 H6 的内花键可以与公差带为 f5、g5、h5 的外花键配合。

(2) 矩形花键的配合形式及其选择。国家标准规定，矩形花键配合形式分为滑动、紧滑动和固定 3 种。滑动联接的间隙最大，紧滑动联接的间隙次之，固定联接间隙最小。具体选择时，可遵循下列原则。

① 当内、外花键联接只传递扭矩而无相对轴向移动时，应选用配合间隙最小的固定联接。

② 当内、外花键联接不但要传递扭矩，还要有相对轴向移动时，应选用滑动或紧滑动联接。

③ 当移动频繁、移动距离长时，则应选用配合间隙较大的滑动联接，以保证运动灵活，而且确保配合面间有足够的润滑油层。

例如，汽车、拖拉机等变速器中的齿轮与轴的联接。为保证满足定心精度要求、工作表面载荷分布均匀或减少反向运转所产生的空程及其冲击，对于对定心精度要求高、传递的扭矩大、运转中需经常反转等的联接，则应用配合间隙较小的紧滑动联接。表 5-13 列出了几种配合应用情况，可供设计时参考。

表 5-13 矩形花键配合的应用

应用	固定联接		滑动联接	
	配合	特征及应用	配合	特征及应用
精密传动用	H5/h5	紧固程度较高，可传递大扭矩	H5/g5	滑动程度较低，定心精度高，传递扭矩大
	H6/h6	传递中等扭矩	H6/f6	滑动程度中等，定心精度较高，传递中等扭矩
一般用	H7/h7	紧固程度较低，传递扭矩较小，可经常拆卸	H7/f7	移动频率高，移动长度大，定心精度要求不高

5) 矩形花键的形位公差

由于矩形花键联接表面比较复杂，键长与键宽之间的比值较大，形位误差对花键联接的装配性能、扭矩的传递和运动性能有较大的影响，会制约联接的质量，所以需要加以控制。

国家标准对矩形花键的形位公差作了以下系统性的规定。

(1) 小径 d 的极限尺寸应遵守包容要求。

为了保证内、外花键小径定心表面的配合性质，国家标准 GB/T 1144—2001 规定了该表面的尺寸公差和形位公差的关系必须采用包容要求，即当小径 d 的实际尺寸处于最大实体尺寸时，它必须具有理想形状；当小径 d 的实际尺寸偏离最大实体尺寸时，才允许有形状误差，如图 5.16 所示。

(2) 花键的位置度公差遵守最大实体要求。在大批量生产的条件下，花键的位置度公差应遵守最大实体要求，如图 5.16 所示。花键的位置度公差综合控制花键各键之间的角

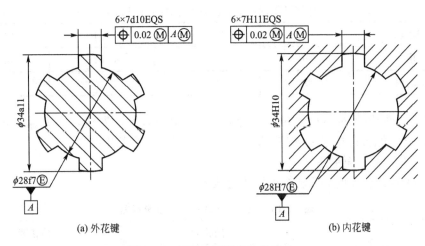

(a) 外花键　　　　　　　　(b) 内花键

图 5.16　矩形花键形位公差标注一

位移、各键对轴线的对称度误差以及各键对轴线的平行度误差等。国家标准对键和键槽规定的位置度公差见表 5-14。

表 5-14　矩形花键的位置度公差值 t_1（摘自 GB/T 1144—2001）　　（单位：mm）

键槽宽或键宽 B		3	3.5~6	7~10	12~18
		t_1			
键槽宽		0.010	0.015	0.020	0.025
键宽	滑动、固定	0.010	0.015	0.020	0.025
	紧滑动	0.006	0.010	0.013	0.016

（3）键和花键的对称度公差和等分度公差遵守独立原则。为保证装配，并能传递扭矩运动，为了控制花键形位误差，一般在图样上分别标注花键的对称度和等分度公差，如图 5.17 所示。在单件小批量生产时，对键（键槽）宽规定其对称度公差和等分度公差遵守独立原则，并且两者同值。国家标准规定的花键的对称度公差见表 5-15。

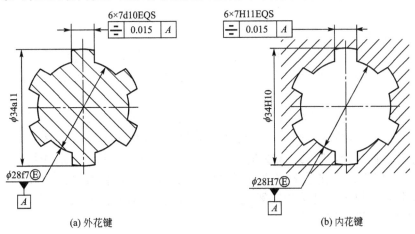

(a) 外花键　　　　　　　　(b) 内花键

图 5.17　矩形花键形位公差标注二

表 5-15　矩形花键对称度公差值 t_2（摘自 GB/T 1144—2001）　　　（单位：mm）

键宽或键槽宽 B	3	3.5~6	7~10	12~18
一般用	0.010	0.012	0.015	0.018
精密传动用	0.006	0008	0.009	0.011

(4) 键（键槽）侧面对小径轴线的平行度公差。对于较大的花键，国家标准未作规定，可根据产品的性能自行规定键（键槽）侧面对小径 d 轴线的平行度公差。

6) 矩形花键的表面粗糙度

矩形花键各结合面的表面粗糙度要求见表 5-16。

表 5-16　矩形花键表面粗糙度推荐值　　　　　　　　　　　　　　　　/μm

加工表面	内花键	外花键
	Ra 不大于	
大径	6.3	3.2
小径	0.8	0.8
键侧	3.2	0.8

7) 矩形花键的图样标注

矩形花键联接在图样上的标注，按顺序包括以下项目：$N \times d \times D \times B$，即键数×小径×大径×键宽，各自的公差带代号和精度等级标注于各个基本尺寸之后。

例如：对键数为 6，小径 d 的配合为 23H7/f7，大径 D 的配合为 26H10/a11，键宽 B 的配合为 6H11/d10 的矩形花键标记如下。

花键规格：$6 \times 23 \times 26 \times 6$；

花键副：$6 \times 23 \dfrac{H7}{f7} \times 26 \dfrac{H10}{a11} \times 6 \dfrac{H11}{d107}$；

内花键：$6 \times 23H7 \times 26H10 \times 6H11$；

外花键：$6 \times 23f7 \times 26a11 \times 6d10$。

5. 键的检测

1) 平键的检测

键和键槽尺寸的检测比较简单，检测的项目主要有键和键槽的宽度、键槽深度和键槽的位置度误差。在单件、小批量生产中，一般用游标卡尺、千分尺等通用计量器具来测量；在大批量生产时，一般采用专用量具。

(1) 单件小批量生产平键的检测。在单件小批量生产中，键槽对其轴线的对称度误差的检验方法如图 5.18 所示。把与键槽宽度相等的定位块插入键槽，用 V 形块模拟基准轴线，首先进行截面测量，转动被测件时定位块沿径向与平板平行，然后用指示表在键槽的一端截面（A—A 截面）内测量定位块表面到平板的距离 h_{AP}，将被测件反转 180°，重复上述步骤，测得定位块表面到平板的距离 h_{AQ}，则 P、Q 两面对应点的读数差为 $a = h_{AP} - h_{AQ}$，则该截面的对称度误差为

$$f_1 = \dfrac{ah}{d-h} \tag{5-1}$$

式中 d——轴的直径；

h——轴槽深。

再沿键的长度方向测量，在长度方向上 A、B 两点的最大差值为 $f_2=|h_{AP}-h_{BP}|$，取 f_1、f_2 中的最大值作为该键槽的对称度误差。

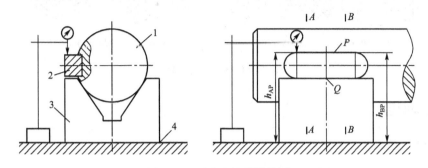

图 5.18　对称度误差的检测

1—工件；2—定位块；3—V 形块；4—平板

（2）大批大量生产平键的检测。在成批、大量生产中，键槽尺寸及其对轴线的对称度误差可用专用量规检验，如图 5.19 所示。图 5.19（a）～图 5.19（c）所示为检验键槽尺寸误差的极限量规，具有通端和止端，检验时通规能通过而止规不能通过为合格。图 5.19（d）和图 5.19（e）为检验对称度误差的综合量规，只有通规通过为合格。

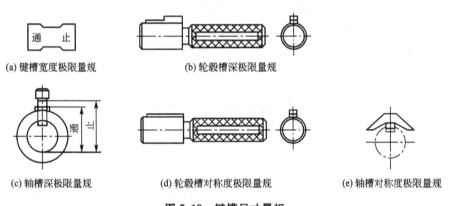

图 5.19　键槽尺寸量规

2）花键的检测

花键的检测分为单项检测和综合检测。

（1）单项检测。单项检测就是对花键的单个参数小径、键宽（键槽宽）、大径等尺寸和位置误差分别进行测量或检验。在单件、小批量生产时，花键的单项检测通常用千分尺等通用计量器具来测量。在成批生产时，花键的单项检测用极限量规检验。

（2）综合检测。综合检测适用于大批量生产，所用量具是花键综合量规，如图 5.20 所示。综合量规用于控制被测花键的最大实体边界，即综合检验小径、大径、键宽（键槽宽）的关联作用尺寸，使其控制在最大实体边界内；然后用单项止规量规分别检验小径、大径和键宽（键槽宽）的实际尺寸是否超越各自的最小实体尺寸。检验时，若综合量规通过，单项止规不通过，则花键合格。

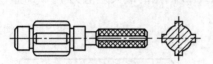
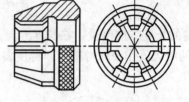

(a) 花键塞规(两短柱起导向作用)　　　(b) 花键环规(圆孔起导向作用)

图 5.20　花键综合量规

5.2.4　实训项目

1. 实训目的

(1) 掌握普通型平键公差配合的选择。

(2) 会在图样上正确标注其相应的尺寸公差、形位公差和表面粗糙度。

2. 实训内容

在图 2.62 所示的变速箱输入轴图样中，$\phi 28m7$ 轴径通过键与带轮联接，要求完成以下实训。

(1) 确定 $\phi 28m7$ 轴径上键的公称尺寸。

(2) 确定键、轴槽及轮毂槽的公差带，以及键联接的配合种类。

(3) 确定与 $\phi 28m7$ 轴径相配合的带轮孔的公差带代号。

(4) 将轴槽和轮毂槽的剖面尺寸及公差带、相应的形位公差和各个表面的粗糙度参数值标注在断面图上。

任务5.3　螺纹的公差配合与测量

5.3.1　任务描述

结合图 1.2 所示丝杠轴零件图，识读图 1.12 张紧滑座装配图，丝杠与滑套组成一对螺纹配合，要求保证间隙，且拆卸方便，完成以下任务。

(1) 选择与丝杠配合的滑套(内螺纹)的公差带代号。

(2) 计算配合中的内螺纹的大径、中径、小径的基本尺寸，以及极限偏差和极限尺寸。

(3) 将配合代号标注在图上。

5.3.2　任务实施

1. 滑套(内螺纹)的公差带代号的确定

由图 1.2 知，丝杠(外螺纹)的公差带代号为 M16—7g6g—L，即外螺纹为公称直径为 16mm，中径和顶径的公差带代号分别为 7g、6g 的右旋长旋合长度的粗牙螺纹。查表 5-17，确定其螺距为 2mm。因此，与丝杠轴组成的螺纹配合的滑套(内螺纹)的公称直径为

16mm，螺距为 2mm。查表 5-23，确定其旋合长度为 24mm。

该螺纹配合，工作时精度无特殊要求，可选择中等精度的螺纹联接。考虑其联接时要求保证间隙，且拆卸方便，查表 5-24，确定其公差带代号为 7H。

综上所述，与丝杠配合的滑套(内螺纹)的公差带代号为：M16—7H—L。

2．相关尺寸的计算

1）基本尺寸

内螺纹的大径即为其公称直径，$D=16$mm；查表 5-17，中径 $D_2=14.701$mm；小径 $D_1=13.835$mm。

2）中径的极限偏差

因内螺纹的中径、小径的公差带代号相同，其基本偏差也相同，再查表 5-22，EI=0；查表 5-21，中径 $T_{D2}=0.265$mm，所以中径的上偏差为 ES=EI+T_{D2}=0.265mm。

3）中径的极限尺寸

$D_{2max}=D_2+$ES$=14.701+0.265=14.966$mm；

$D_{2min}=D_2+$EI$=14.701+0=14.701$mm。

4）小径的极限偏差

EI=0，查表 5-20，小径 $T_{D1}=0.475$mm，所以小径的上偏差为 ES=EI+T_{D1}=0.475 mm。

5）小径的极限尺寸

$D_{1max}=D_1+$ES$=13.835+0.475=14.310$mm；

$D_{1min}=D_1+$EI$=13.835+0=13.835$mm。

3．螺纹配合代号标注

根据螺纹配合标注方法，滑套与丝杠轴组成的螺纹配合的代号为 M16—7H/7g6g—L，将该代号标注在图上，如图 1.12 所示。

5.3.3　知识链接

1．螺纹概述

螺纹联接在机电产品中的应用十分广泛，将零部件组合成整机或将部件、整机固定在机座上等，螺纹联接形成运动副传递运动和动力。螺纹联接是一种典型的具有互换性的联接结构。

1）螺纹的分类

螺纹的种类繁多，常用螺纹按其结合性质和使用要求可分为普通螺纹、传动螺纹和紧密螺纹。

(1) 普通螺纹。普通螺纹通常又称紧固螺纹，主要用于联接和紧固零件，是应用最广泛的一种螺纹，如用螺栓和螺母联接并紧固两个联轴器。

普通螺纹分粗牙和细牙两种类型，对这类螺纹结合的主要要求有两个：一是可旋合性，二是联接的可靠性。

(2) 传动螺纹。传动螺纹主要用于传递精确的位移、动力和运动，如机床中的丝杠和螺母、千斤顶的起重螺杆等。对这类螺纹结合的主要要求是传动准确、可靠、螺纹接触良好等。

(3) 紧密螺纹。紧密螺纹又称密封螺纹，主要用于实现两个零件紧密联接而无泄露的结合，如管螺纹。对这类螺纹结合的主要要求是结合应具有一定的过盈量，以保证不泄漏气体、液体。

2) 普通螺纹的基本牙型和主要的几何参数

(1) 基本牙型。按国家标准 GB/T 192—2003《普通螺纹 基本牙型》规定，普通螺纹的基本牙型，定义在螺纹轴剖面上，是将高度为 H 的原始等边三角形的顶部截去 $H/8$、底部截去 $H/4$ 后形成的，如图 5.21 所示。内、外螺纹的大径、中径、小径和螺距等基本几何参数都在基本牙型上定义。

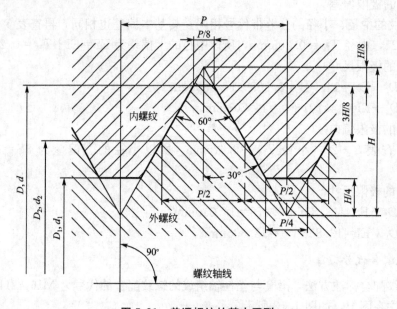

图 5.21 普通螺纹的基本牙型

(2) 主要的几何参数。

① 大径。大径是指与内螺纹牙底或外螺纹牙顶相重合的假想圆柱面的直径。内螺纹用 D 表示；外螺纹用 d 表示。

国家标准规定，普通螺纹大径的基本尺寸为螺纹的公称直径，对相互结合的内、外螺纹，其公称直径相等，即 $D=d$。螺纹大径的具体数值在选用的过程中不得任意选用，具体数值见表 5-17。

② 小径。小径是指与内螺纹牙顶或外螺纹牙底相重合的假想圆柱面的直径。内螺纹用 D_1 表示；外螺纹用 d_1 表示。

为了应用方便，与牙顶相切的直径又称为顶径，即外螺纹大径和内螺纹小径；与牙底相切的直径又称为底径，即外螺纹小径和内螺纹大径。

③ 中径。中径是一个假想圆柱的直径，该圆柱的母线通过螺纹牙型上沟槽和凸起宽度相等($P/2$)的地方。内螺纹用 D_2 表示；外螺纹用 d_2 表示。

④ 螺距 P。螺距是指相邻两牙在中径线上对应两点间的轴向距离，用 P 来表示。

⑤ 导程 P_h。导程是指同一条螺旋线上相邻两牙在中径线上对应两点间的轴向距离，用 P_h 表示。

表 5-17 普通螺纹的基本尺寸（摘自 GB/T 196—2003）　　　　（单位：mm）

公称直径 D、d			螺距 P	中径 D_2、d_2	小径 D_1、d_1	公称直径 D、d			螺距 P	中径 D_2、d_2	小径 D_1、d_1
第一系列	第二系列	第三系列				第一系列	第二系列	第三系列			
6			1	5.350	4.917			15	1.5	14.026	13.376
			0.75	5.513	5.188				(1)	14.350	13.917
			(0.5)	5.675	5.459				2	14.701	13.835
		7	1	6.350	5.917	16			1.5	15.026	14.376
			0.75	6.513	6.188				1	15.350	14.917
			0.5	6.675	6.459				(0.75)	15.513	15.188
8			1.25	7.188	6.647			17	(0.5)	15.675	15.459
			1	7.350	6.917				1.5	16.026	15.376
			0.75	7.513	7.188				(1)	16.350	15.917
			(0.5)	7.675	7.459		18		2.5	16.376	15.294
		9	(1.25)	8.188	7.647				2	16.701	15.835
			1	8.350	7.917				1.5	17.026	16.376
			0.75	8.513	8.188				1	17.350	16.917
			(0.5)	8.675	8.459				(0.75)	17.513	17.188
10			1.5	9.026	8.376				(0.5)	17.675	17.459
			1.25	9.188	8.647	20			2.5	18.376	17.294
			1	9.350	8.917				2	18.701	17.835
			0.75	9.513	9.188				1.5	19.026	18.376
			(0.5)	9.675	9.459				1	19.350	18.917
		11	(1.5)	10.026	9.376				(0.75)	19.513	19.188
			1	10.350	9.917				(0.5)	19.675	19.459
			0.75	10.513	10.188		22		2.5	20.376	19.294
			0.5	10.675	10.459				2	20.701	19.835
12			1.75	10.853	10.106				1.5	21.026	20.376
			1.5	11.026	10.376				1	21.350	20.917
			1.25	11.188	10.647				(0.75)	21.513	21.188
			1	11.350	10.917				(0.5)	21.675	21.459
			(0.75)	11.513	11.188	24			3	22.051	20.752
			(0.5)	11.675	11.459				2	22.701	21.835
	14		2	12.701	11.835				1.5	23.026	22.376
			1.5	13.026	12.376				1	23.350	22.917
			(1.25)	13.188	12.647				(0.75)	23.513	23.188
			1	13.350	12.917				2	23.701	22.835
			(0.75)	13.513	13.188			25	1.5	24.026	23.376
			(0.5)	13.675	13.459				(1)	24.350	23.917

注　1. 直径优先选用第一系列，其次是第二系列，第三系列尽可能不用。
　　2. 括号内的螺距尽可能不用。用黑体字表示的螺距是粗牙。

螺距和导程的关系是

$$P_h = nP \tag{5-2}$$

式中　n——螺纹头数或线数。

⑥ 单一中径。单一中径是一个假想圆柱的直径，该圆柱的母线通过牙型上沟槽宽度等于基本螺距一半（$P/2$）的地方，如图5.22所示。内螺纹用 D_{2s} 表示；外螺纹用 d_{2s} 表示。

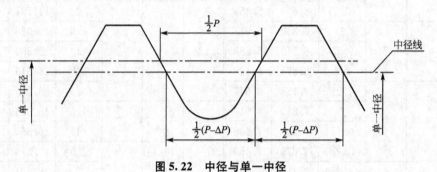

图 5.22　中径与单一中径

当无螺距偏差时，单一中径与中径一致；当螺距有偏差时，单一中径与中径不一致。

⑦ 牙型角、牙型半角和牙侧角。牙型角是指螺纹牙型上相邻两侧间的夹角；牙型半角是指牙侧与螺纹轴线的垂线之间的夹角；牙侧角是指在螺纹牙型上，牙侧与螺纹轴线的垂直线间的夹角，如图5.23所示。牙型角用 α 表示；牙型半角用 $\alpha/2$ 表示；牙侧角用 α_1 和 α_2 表示。

对于普通螺纹，$\alpha = 60°$，$\alpha/2 = 30°$，$\alpha_1 = \alpha_2 = 30°$。

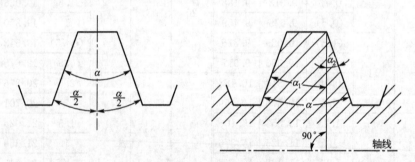

图 5.23　牙型角、牙型半角和牙侧角

⑧ 原始三角形高度。原始三角形高度是指原始三角形顶点沿螺纹轴线方向到其底边的垂直距离（$H = \sqrt{3}P/2$），通常用 H 表示。

⑨ 螺纹升角。螺纹升角是在中径圆柱上螺旋线的切线与垂直于螺纹轴线的平面的夹角，如图5.24所示。螺纹升角用 ϕ 表示，它与螺距 P、导程 P_h 和中径 d_2 之间的关系为

$$\tan\phi = \frac{nP}{\pi d_2} = \frac{P_h}{\pi d_2} \tag{5-3}$$

式中　n——螺纹头数或线数。

⑩ 螺纹旋合长度。螺纹旋合长度是指两个相配合的螺纹，沿螺纹轴线方向相互旋合部分的长度，如图5.25所示。

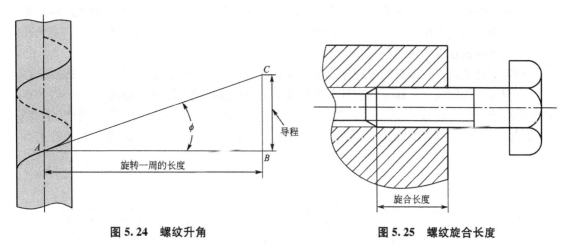

图 5.24　螺纹升角　　　　　　　　图 5.25　螺纹旋合长度

⑪ 螺纹接触高度。螺纹接触高度是指两个相互配合的螺纹牙型上，牙侧重合部分在垂直于螺纹轴线方向上的距离，如图 5.26 所示。

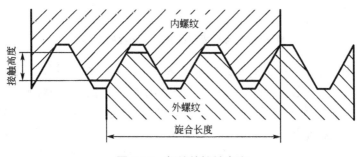

图 5.26　螺纹的接触高度

2. 螺纹几何参数对互换性的影响

螺纹联接要实现其互换性，必须保证良好的旋合性和一定的联接强度。影响螺纹互换性的主要几何参数有 5 个：大径、小径、中径、螺距和牙型半角。这 5 个参数在加工过程中不可避免地会产生一定的加工误差，不仅影响螺纹的旋合性、接触高度、配合松紧，还会影响联接的可靠性，从而影响螺纹的互换性。

1) 螺纹直径误差的影响

螺纹直径(大径、小径)误差是指螺纹加工后直径的实际尺寸与螺纹直径的公称尺寸之差。

内、外螺纹加工时，其中大、小径间留有很大的间隙，即外螺纹大径和小径分别小于内螺纹的大径和小径，完全可以保证其互换性的要求。但是，外螺纹大径和小径不能过小，内螺纹大径和小径不能过大，否则将会降低螺纹的联接强度。因此，对螺纹直径的实际尺寸必须规定其公差。

2) 螺距误差的影响

螺距偏差包括螺距局部误差和螺距累积误差两种。

(1) 螺距局部误差。螺距局部误差是指在螺纹的全长上，任意单个实际螺距对公称螺距的代数差，它与旋合长度无关。螺距局部误差用 ΔP 表示。

(2) 螺距累积误差。螺距累积误差是指在规定的螺纹长度内，包含若干个螺距的任意两牙，在中径线上相应两点之间的实际轴向距离相对公称轴向距离的代数差，它与旋合长度有关。螺距累积误差用 ΔP_Σ 表示。

相互结合的内、外螺纹的螺距基本值为 P，假设内螺纹具有理想的牙型，外螺纹只存在螺距误差。外螺纹 n 个螺距的实际轴向距离 $L_外$ 与内螺纹的实际轴向距离 $L_内 = nP$（公称轴向距离为 nP）的代数差即为螺距累积误差。螺距累积误差使内、外螺纹牙侧产生干涉（阴影部分）而不能旋合，如图 5.27 所示。因此，螺距累积误差是影响螺纹互换性的主要因素。

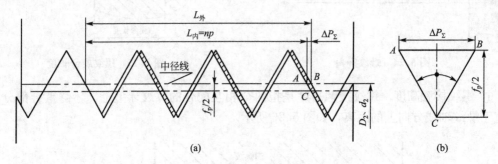

图 5.27　螺纹累积误差对旋合性的影响

为了使具有螺距累积误差的外螺纹能够旋入理想的内螺纹，并保证旋合性，应将外螺纹的干涉部分去掉，即使图 5.27 中的 B 点与内螺纹牙侧上的 C 点接触，而螺纹另一侧的间隙不变，即外螺纹的中径减小一个数值 f_P，使外螺纹轮廓刚好能被内螺纹轮廓包容。同理，若内螺纹存在螺距累积误差，为了保证旋合性，则应将内螺纹的中径增大一个数值 F_P。$f_P(F_P)$ 称为螺距误差的中径当量。对于普通螺纹，牙型角为 60°，在图 5.27(b) 的 $\triangle ABC$ 中计算螺距误差的中径当量为

$$f_P(F_P) = 1.732 \Delta P_\Sigma \tag{5-4}$$

国家标准没有规定螺纹的螺距公差，而是将螺距累积误差折算成中径公差的一部分，通过控制螺纹中径公差来控制螺距误差。

在制造过程中，由于螺距误差不可避免，为了保证有螺距误差的内、外螺纹能够正常旋合，采用增大内螺纹中径或减小外螺纹中径的方法来消除螺距误差对旋合性的不利影响。但是，这样会使内、外螺纹实际接触的螺纹牙减少，载荷集中在接触部位，造成接触压力增大，降低螺纹的联接强度。

3) 中径误差的影响

中径误差是指中径的实际尺寸与中径公称尺寸的代数差。内螺纹的中径误差用 ΔD_{2a} 表示；外螺纹的中径误差用 Δd_{2a} 表示。

在螺纹的制造过程中，螺纹中径也会出现误差。当外螺纹中径比内螺纹中径大时，内、外螺纹无法旋合；当外螺纹中径比内螺纹中径小时，内、外螺纹旋合后间隙过大，配合过松，影响联接的可靠性和紧密性，并削弱联接强度。因此，对中径误差也必须加以控制。

4) 牙型半角误差的影响

牙型半角误差是指实际牙型半角与理论牙型半角的代数差。

牙型半角误差主要是实际牙型角的角度误差或牙型角方向偏斜，即螺纹牙型半角误差会使螺纹牙侧相对于螺纹轴线的位置产生偏差，进而使螺纹牙侧发生干涉而影响旋合性，同时影响接触面积，降低螺纹的联接强度。牙型半角误差对互换性的影响如图5.28所示。

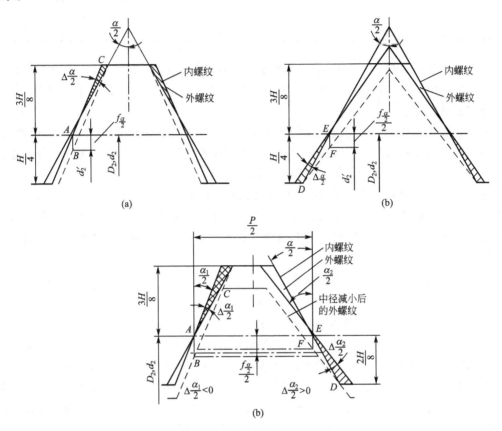

图5.28 牙型半角误差对互换性的影响

假设内螺纹具有理想牙型，外螺纹中径及螺距与内螺纹相同，外螺纹的左右牙型半角存在误差 $\Delta \alpha_1/2$ 和 $\Delta \alpha_2/2$。当内、外螺纹旋合时，左右牙型将产生干涉（图5.28中的阴影部分），从而影响旋合性。外螺纹的 $\Delta \alpha/2 < 0$，则其牙顶部分的牙侧有干涉现象。若将外螺纹中径减小 $f_{\alpha/2}$（或内螺纹中径增大 $f_{\alpha/2}$），就可以避免干涉，$f_{\alpha/2}$ 为牙型半角误差的中径补偿值。

分析图5.28得，在图5.28(a)中，外螺纹的 $\Delta \alpha/2$，牙顶的牙侧处有干涉现象；在图5.28(b)中，外螺纹的 $\Delta \alpha/2 > 0$，牙底的牙侧处有干涉现象；在图5.28(c)中，当左右牙型半角误差不相等时，两侧干涉区的干涉量也不相同，中径补偿值 $f_{\alpha/2}$ 取平均值。根据三角形的正弦定理可以导出

$$f_{\alpha/2} = 0.073 P(K_1 |\Delta \alpha_{12}| + K_2 |\Delta \alpha_{22}|) \tag{5-5}$$

式中　　P——螺距(mm)；

$\Delta \alpha_{12}$、$\Delta \alpha_{22}$——左、右半角偏差(′)；

K_1、K_2——修正系数，其值见表5-18。

表 5-18 K_1、K_2 值的取法

内螺纹				外螺纹			
$\Delta\alpha_1/2>0$	$\Delta\alpha_1/2<0$	$\Delta\alpha_2/2>0$	$\Delta\alpha_2/2<0$	$\Delta\alpha_1/2>0$	$\Delta\alpha_1/2<0$	$\Delta\alpha_2/2>0$	$\Delta\alpha_2/2<0$
K_1		K_2		K_1		K_2	
3	2	3	2	2	3	2	3

通过螺纹几何参数对互换性的影响的分析，不难得出如下结论：若外螺纹的中径过大，内螺纹的中径过小，将使螺纹难以旋合；若外螺纹中径过小，内螺纹中径过大，将会影响螺纹的联接强度。

所以，螺纹中径是衡量螺纹互换性的主要指标。从保证螺纹的旋合性和联接强度看，螺纹中径的合格性判断准则应遵循泰勒原则，即螺纹的作用中径不能超出最大实体牙型的中径；任意位置的单一中径不能超越最小实体牙型的中径。

所谓最大和最小实体牙型是指在螺纹中径公差范围内，分别具有材料最多和最少且与基本牙型一致的螺纹牙型。外螺纹的最大和最小实体牙型中径分别等于其中径的最小和最大极限尺寸 $d_{2\max}$、$d_{2\min}$；内螺纹的最大和最小实体牙型中径分别等于其中径的最大和最小极限尺寸 $D_{2\min}$、$D_{2\max}$。

按泰勒原则，螺纹中径的合格条件为

$$\text{外螺纹：} d_{2m} \leqslant d_{2\max} \text{ 且 } d_{2a} \leqslant d_{2\min} \tag{5-6}$$

$$\text{内螺纹：} D_{2m} \geqslant D_{2\min} \text{ 且 } D_{2a} \leqslant D_{2\max} \tag{5-7}$$

公式中的 d_{2m} 和 D_{2m} 分别为外螺纹和内螺纹的作用中径。所谓的作用中径是指螺纹配合时实际起作用的中径。当普通螺纹没有螺距偏差和牙型半角偏差时，内、外螺纹旋合时起作用的中径就是螺纹的实际中径。当外螺纹有了螺距偏差和牙型半角偏差时，相当于外螺纹的中径增大了，这个增大了的假想中径叫做外螺纹的作用中径，它是与内螺纹旋合时实际起作用的中径，其值等于外螺纹的实际中径与螺距偏差及牙型半角偏差的中径当量之和，即

$$d_{2m} = d_{2a} + (f_p + f_{\alpha/2}) \tag{5-8}$$

同理，内螺纹有了螺距偏差和牙型半角偏差时相当于内螺纹中径减小了，这个减小了的假想中径叫做内螺纹的作用中径，它是与外螺纹旋合时实际起作用的中径，其值等于内螺纹的实际中径与螺距偏差及牙型半角偏差的中径当量之差，即

$$D_{2m} = D_{2a} - (f_p + f_{\alpha/2}) \tag{5-9}$$

3. 普通螺纹的公差与配合

螺纹加工生产中，刀具、机床传动误差等因素会引起中径误差、牙型半角误差及螺距误差等，从而影响螺纹的互换性。为了保证螺纹的互换性，国家标准 GB/T 197—2003《普通螺纹　公差》规定了螺纹的公差等级、螺纹公差带及基本偏差等。

1) 螺纹的公差等级

螺纹公差用来确定公差带的大小，表示螺纹直径尺寸允许的变动范围。国家标准 GB/T 197—2003 对螺纹的中径和顶径分别规定了若干个公差等级，其代号用阿拉伯数字表示，具体等级见表 5-19。

表 5-19 螺纹公差等级

螺纹直径		公差等级
外螺纹	中径 d_2	3、4、5、6、7、8、9
	大径 d_1	4、6、8
内螺纹	中径 D_2	4、5、6、7、8
	小径 D_1	4、5、6、7、8

其中，6 级是基本等级；3 级精度最高，公差数值最小；9 级精度最低，公差数值最大。在同一公差等级中，内螺纹中径公差比外螺纹中径功能公差大 32% 左右，原因是内螺纹加工比较困难。内、外螺纹的底径是在加工时和中径一起由刀具切出的，其尺寸由加工过程保证，没有规定公差值，而只规定该处的实际轮廓不得超越按基本偏差所确定的最大实体牙型，即应保证旋合时不发生干涉。

螺纹公差在不同的公差等级中，内、外螺纹的顶径公差数值见表 5-20；内、外螺纹的中径公差数值见表 5-21。

表 5-20 内、外螺纹的顶径公差数值 （单位：μm）

螺距 P/mm	内螺纹顶径(小径)公差 T_{D1}				外螺纹顶径(大径)公差 T_d		
	公差等级				公差等级		
	5	6	7	8	4	6	8
0.75	150	190	236	—	90	140	—
0.8	160	200	250	315	95	150	236
1	190	236	300	375	112	180	280
1.25	212	265	335	425	132	212	335
1.5	236	300	375	475	150	236	375
1.75	265	335	425	530	170	265	425
2	300	375	475	600	180	280	450
2.5	355	450	560	710	212	335	530
3	400	500	630	800	236	375	600
3.5	450	560	710	900	265	425	670
4	475	600	750	950	300	475	750

螺纹中径公差是一项综合公差，综合控制中径本身的尺寸误差、螺距误差和牙型半角误差。

2) 螺纹的基本偏差

螺纹的公差带是以基本牙型为零线布置的，所以螺纹的基本牙型是计算螺纹偏差的基准。内、外螺纹的公差带相对于基本牙型的位置，与圆柱体的公差带位置一样，由基本偏差确定。国家标准对螺纹的中径和顶径规定了基本偏差，并且它们的数值相同。

表 5-21 内、外螺纹的中径公差数值　　　　　　　　　（单位：μm）

公称直径/mm		螺距 P/mm	内螺纹中径公差 T_{D2}					外螺纹中径公差 T_{d2}					
			公差等级					公差等级					
大于	至		4	5	6	7	8	3	4	5	6	7	8	9
5.6	11.2	0.75	85	106	132	170	—	50	63	80	100	125	—	—
		1	95	118	150	190	236	56	71	90	112	140	180	224
		1.25	100	125	160	200	250	60	75	95	118	150	190	236
		1.5	112	140	180	224	280	67	85	106	132	170	212	265
11.2	22.4	1	100	125	160	200	250	60	75	95	118	150	190	236
		1.25	112	140	180	224	280	67	85	106	132	170	212	265
		1.5	118	150	190	236	300	71	90	112	140	180	224	280
		1.75	125	160	200	250	315	75	95	118	150	190	236	300
		2	132	170	212	265	335	80	100	125	160	200	250	315
		2.5	140	180	224	280	355	85	106	132	170	212	265	335
22.4	45	1	106	132	170	212	—	63	80	100	125	160	200	250
		1.5	125	160	200	250	315	75	95	118	150	190	236	300
		2	140	180	224	280	355	85	106	132	170	212	265	335
		3	170	212	265	335	425	100	125	160	200	250	315	400
		3.5	180	224	280	335	450	106	132	170	212	265	355	425
		4	190	236	300	375	475	112	140	180	224	280	355	450
		4.5	200	250	315	400	500	118	150	190	236	300	375	475

对外螺纹，规定了代号为 e、f、g、h 的 4 种基本偏差（都是上偏差 es）；对于内螺纹，规定了代号为 G、H 的两种基本偏差（都是下偏差 EI）。其中，H、h 的基本偏差为 0，G 的基本偏差为正值，e、f、g 的基本偏差为负值，如图 5.29 所示。内、外螺纹的基本偏差数值见表 5-22。

表 5-22　内、外螺纹的基本偏差数值　　　　　　　　　（单位：μm）

螺距 P/mm	内螺纹		外螺纹			
	G	H	e	f	g	h
	EI		es			
0.75	+22		−56	−38	−22	
0.8	+24		−60	−38	−24	
1	+26		−60	−40	−26	
1.25	+28		−63	−42	−28	
1.5	+32	0	−67	−45	−32	0
1.75	+34		−71	−48	−34	
2	+38		−71	−52	−38	
2.5	+42		−80	−58	−42	
3	+48		−85	−63	−48	

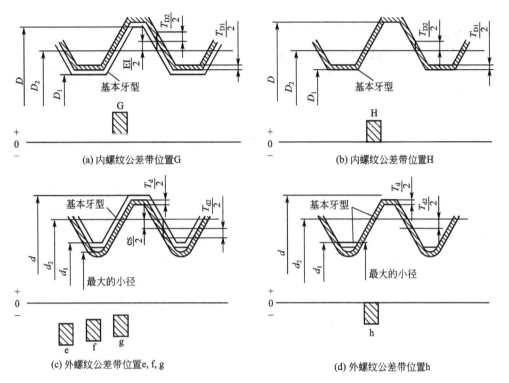

图 5.29 内、外螺纹的公差带位置

3）螺纹公差带

螺纹的公差带是沿基本牙型的牙侧、牙顶和牙底分布的公差带，根据螺纹的公差等级和基本偏差，可以组成许多不同的公差带。普通螺纹的公差带代号由公差等级数字和基本偏差字母组成，即公差等级数值＋基本偏差字母，如 6g、6H、6G 等。如果中径公差带代号和顶径公差带代号相同，则标注时只写一个。合格的螺纹其实际牙型各部分都应该在公差带内，即实际牙型应在图 5.29 所示断面线的公差带内。

4）螺纹的旋合长度

普通螺纹的旋合长度是螺纹设计时应考虑的一个因素，关系到螺纹联接的配合精度和互换性。国家标准根据螺纹的公称直径和螺距，对螺纹联接规定了 3 种旋合长度：短旋合长度、中等旋合长度和长旋合长度，分别用符号 S、N、L 表示，其值见表 5-23。

表 5-23 螺纹的旋合长度　　　　　　　　　　（单位：mm）

公称直径 D、d		螺距 P	旋合长度			
			S	N		L
$>$	$\leqslant$		$\leqslant$	$>$	$\leqslant$	$>$
5.6	11.2	0.75	2.4	2.4	7.1	7.1
		1	3	3	9	9
		1.25	4	4	12	12
		1.5	5	5	15	15

(续)

公称直径 D、d		螺距 P	旋合长度			
			S	N		L
>	≤		≤	>	≤	>
11.2	22.4	1	3.8	3.8	11	11
		1.25	4.5	4.5	13	13
		1.5	5.6	5.6	16	16
		1.75	6	6	18	18
		2	8	8	24	24
		2.5	10	10	30	30
22.4	45	1	4	4	12	12
22.4	45	1.5	6.3	6.3	19	19
		2	8.5	8.5	25	25
		3	12	12	36	36
		3.5	15	15	45	45
		4	18	18	53	53
		4.5	21	21	63	63

5) 螺纹的精度等级

螺纹的精度由螺纹公差带和旋合长度构成，其结构关系如图 5.29 所示。当公差等级一定时，螺纹旋合长度越长，加工时产生的螺距累积误差和牙型半角误差可能就越大，加工就越困难。因此，公差等级相同而旋合长度不同的螺纹精度等级就不相同。

国家标准按螺纹公差等级和旋合长度将螺纹精度分为 3 个精度等级：精密级、中等级和粗糙级。螺纹精度等级的高低，代表螺纹加工的难易程度。同一精度等级，随着旋合长度的增加，应适当降低螺纹的公差等级。

6) 螺纹在图样上的标记

完整的螺纹标记由螺纹代号、公差带代号、旋合长度代号和旋向代号组成，各代号之间用"—"隔开。

(1) 单个螺纹标记。

① 螺纹代号。螺纹代号由螺纹特征代号和螺纹尺寸代号组成。螺纹特征代号用字母"M"表示。单线螺纹的尺寸代号为"公称直径×螺距旋向"；多线螺纹的尺寸代号为"公称直径×P_h(导程)P(螺距)旋向"。

螺距标注时，细牙螺纹需要标注，粗牙螺纹可省略不标；旋向标注时，左旋螺纹需在标注位置加注"LH"，右旋螺纹省略不标。

② 螺纹公差带代号。公差带代号包含中径公差带代号和顶径公差带代号。中径公差带代号在前，顶径公差带代号在后。若中径公差带代号和顶径公差带代号相同，则应标注一个公差带代号。螺纹尺寸代号与公差带代号之间用"—"号分开。

③ 旋合长度代号。普通螺纹旋合长度有短(S)、中(N)、长(L)3组。当旋合长度为N时，省略不标。

例如：

M30×2—5g6g—S 表示公称直径为 30mm，螺距为 2mm，中径和顶径公差带分别为 5g、6g 的短旋合长度的右旋普通细牙外螺纹。

M20×2LH—5H—L 表示公称直径为 20mm，螺距为 2mm，中径和顶径公差带都为 5H 的长旋合长度的左旋普通细牙螺纹。

M16×P_h3P1.5 表示公称直径为 16mm，导程为 3mm，螺距为 1.5mm 的中等旋合长度的右旋普通细牙螺纹。

（2）螺纹配合的标记。标注螺纹配合时，内、外螺纹的公差带代号用斜线分开，左边（分子）为内螺纹公差带代号，右边（分母）为外螺纹公差带代号。

例如：M20×2—5H/5g6g 表示公称直径为 20mm，螺距为 2mm，中径和顶径公差带都为 5H 的内螺纹与中径和顶径公差带分别为 5g、6g 的外螺纹旋合。

4. 普通螺纹公差与配合的选用

国家标准 GB/T 197—2003 规定，螺纹配合的最小间隙为零，并且具有保证间隙的螺纹公差和基本偏差。

1）螺纹联接精度和旋合长度的选择

对国家标准规定的普通螺纹联接的精密、中等和粗糙 3 级，应用情况如下。

（1）精密级。精密级联接精度用于精密联接的螺纹。要求配合性质稳定，配合变动小，需要保证一定的定位精度的螺纹联接。

（2）中等级。中等级联接精度用于一般用途的机械和构件。

（3）粗糙级。粗糙级联接精度用于精度要求不高或制造比较困难的螺纹，如在热轧棒料上和深盲孔内加工螺纹。

实际选用时，还必须考虑螺纹的工作条件、尺寸的大小、加工的难易程度、工艺结构等情况。例如：当螺纹的承载较大且为交变载荷或有较大的振动时，则应选用精密级；对于小直径螺纹，为了保证联接强度，也必须提高联接精度；对于加工难度较大的，即使是一般要求，此时也需要降低联接精度。

旋合长度的选择，一般情况下采用中等旋合长度。为了加强联接强度可选择长旋合长度，对受力不大且有空间限制的可选择短旋合长度。值得注意的是，应尽可能地缩短旋合长度，改变那种认为螺纹旋合长度越大，其密封性、可靠性越好的错误认识。实践证明，旋合长度过长，不仅结构笨重，加工困难，而且由于螺纹累积误差的增大，降低了承载能力，从而造成螺纹牙强度和密封性的下降。

2）公差带的确定

按照内、外螺纹不同的基本偏差和公差等级可以组成许多螺纹公差带。在实际应用中，为了减少刀具和量具的规格和数量，国家标准推荐了一些常用公差带，见表 5‑24 和表 5‑25。

【例 5‑3‑1】 已知某螺纹联接公称直径为 12mm，螺距为 1.5mm，旋合长度为 14mm。大批量生产，要求旋合性好，易拆卸，又要有一定的联接强度，试确定内、外螺纹的公差带代号。

解：查表 5-23，确定螺纹为中等旋合长度（N）的细牙螺纹；该螺纹工作精度无特殊要求，根据螺纹精度选择的原则，可选中等精度的螺纹联接；螺纹用于大批量生产，又有一定的联接强度要求，查表 5-24 和表 5-25，确定内螺纹公差带代号为 6H，外螺纹公差带代号为 6g。

故内、外螺纹公差带代号为 M12×1.5—6H/6g。

表 5-24 内螺纹选用公差带（摘自 GB/T 197—2003）

精度	公差带位置 G			公差带位置 H		
	S	N	L	S	N	L
精密				4H	4H5H	5H6H
中等	(5G)	(6G)	(7G)	*5H	【*6H】	*7H
粗糙		(7G)			7H	

注：1. 优先选用带"*"的公差带。
2. 大量生产的精制紧固螺纹，推荐采用带"【】"的公差带。
3. 括号内的公差带尽量不用。

表 5-25 外螺纹选用公差带（摘自 GB/T 197—2003）

精度	公差带位置 e			公差带位置 f			公差带位置 g			公差带位置 h		
	S	N	L	S	N	L	S	N	L	S	N	L
精密										(3h4h)	*4h	(5h4h)
中等		*6e			*6f		(5g6g)	【*6g】	(7g6g)	(5h6h)	*6h	(7h6h)
粗糙								8g			(8h)	

注：1. 优先选用带"*"的公差带。
2. 大量生产的精制紧固螺纹，推荐采用带"【】"的公差带。
3. 括号内的公差带尽量不用。

3）配合的选择

理论上，表 5-24 和表 5-25 所列的公差带可以任意组合成各种配合，但从保证足够的接触强度出发，最好组成 H/g、H/h、G/h 的配合。选择时主要考虑以下几种情况。

（1）为了保证旋合性，内、外螺纹应具有较高的同轴度及联接强度，一般选用最小间隙为零的 H/h 配合。

（2）要保证间隙，且需要拆卸方便时，可选用 H/g 或 G/h 配合。

（3）对单件、小件批量生产的螺纹，可选用最小间隙为零的 H/h 配合。

（4）对表面需要镀层的内、外螺纹，其基本偏差按所需镀层厚度确定。内螺纹较难镀层，涂镀对象主要是外螺纹。如镀层较薄时（厚度约 $5\mu m$），内螺纹选用 6H，外螺纹选用 6g；如镀层较厚时（厚度达 $10\mu m$），内螺纹选用 6H，外螺纹选用 6e；如内、外螺纹均需镀层时，可选 6G/6e。

（5）对于在高温下工作的螺纹，可根据装配时和工作时的温度来确定适当的间隙和相应的基本偏差。一般需要留有间隙，以防螺纹卡死，通常采用基本偏差 e。

4) 螺纹的表面粗糙度

螺纹的表面粗糙度 Ra 的值可根据表 5-26 中推荐的数值选用。对于强度要求较高的螺纹牙侧表面，Ra 不应大于 $0.4\mu m$。

表 5-26 螺纹表面粗糙度 Ra （单位：μm）

螺纹工作表面	螺纹公差等级		
	4、5	6、7	7~9
螺栓、螺母、螺钉	1.6	3.2	3.2~6.3
轴及套上螺纹	0.8~1.6	1.6	3.2

【例 5-3-2】 有一外螺纹 M20-6g，测得实际中径 $d_{2a}=18.201$mm，螺距累积偏差 $\Delta P_\Sigma=+50\mu m$，牙型半角偏差 $\Delta\alpha_{12}=+30'$，$\Delta\alpha_{22}=-45'$，试求该螺纹的作用中径，并判断其合格性。

解： 1) 求螺纹中径的基本尺寸和极限尺寸

(1) 查表 5-17 得，$d=20$mm 时，粗牙螺距 $P=2.5$mm，中径 $d_2=18.376$mm；

(2) 查表 5-21 得，中径公差 $T_{d2}=170\mu m$，查表 5-22 得，中径的上偏差 es$=-42\mu m$，所以下偏差

$$ei=es-T_{d2}=-42-170=-212(\mu m)$$

则中径的极限尺寸

$$d_{2max}=18.376-0.042=18.334 \text{mm}$$
$$d_{2min}=18.376-0.212=18.164 \text{mm}。$$

2) 求中径当量 f_p 及 $f_{\alpha/2}$

(1) $f_p=1.732|\Delta P_\Sigma|=1.732\times50=86.6(\mu m)=0.0866(\text{mm})$。

(2) 查表 5-18 得，$K_1=2$，$K_2=3$，代入式(5-5)，得

$$f_{\alpha/2}=0.073P(K_1|\Delta\alpha_{12}|+K_2|\Delta\alpha_{22}|)=0.073\times2.5(2\times30+3\times45)\approx35.6(\mu m)$$
$$=0.0356(\text{mm})$$

3) 求作用中径 d_{2m}

根据式(5-8)，则

$$d_{2m}=d_{2a}+(f_p+f_{\alpha/2})=18.201+0.0866+0.0356=18.323(\text{mm})。$$

4) 判断螺纹的合格性

根据式(5-6)，即 $d_{2m}\leq d_{2max}$，$d_{2a}\geq d_{2min}$ 得，18.323<18.334，18.201>18.164，故该螺纹合格。

5. 螺纹的检测

螺纹的检测方法主要有综合检验和单项测量两大类。

1) 综合检验

综合检验即同时检验螺纹的多个参数，采用螺纹工作量规检验内、外螺纹的合格性，其特点是不能测出参数的具体数值，但检验效率较高，适于批量生产的中等精度的螺纹。在实际生产中，通常采用螺纹量规和光滑极限量规联合检验螺纹的合格性，如图 5.30 所示。

在图 5.30(a)中,卡规用来检验外螺纹的大径,螺纹环规通端用来检验外螺纹作用中径和小径的最大极限尺寸,应有完整的牙型,其长度等于被检螺纹的旋合长度。螺纹环规通规顺利地旋入,被测螺纹为合格。螺纹环规止规只用来检验外螺纹实际中径是否超过外螺纹中径的最小极限尺寸,螺纹环规止规不应完全地旋入合格的螺纹,但可以旋入不超过两个螺距的旋合量。为了消除螺距偏差和牙型半角偏差的影响,螺纹环规止规需做成截短牙型,且螺纹圈数只有 2～3.5 圈。

在图 5.30(b)中,光滑塞规用来检验内螺纹的小径,螺纹塞规通规用来检验内螺纹作用中径和大径的最小极限尺寸,应有完整牙型及和被测螺纹相当的螺纹长度。螺纹塞规止规只用来检验内螺纹的实际中径,故采用截短牙型和较少的螺纹圈数,而且要求旋合量与螺纹环规相同。

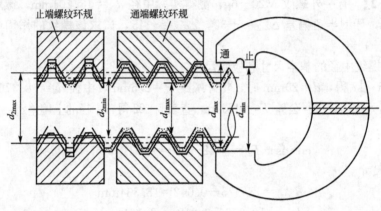

(a) 外螺纹量规

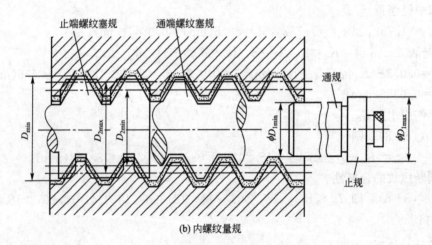

(b) 内螺纹量规

图 5.30　螺纹量规

2) 单项测量

单项测量是指用量具或量仪测量螺纹各个参数的实际值,其特点是可以对各项误差进行分析,找出其产生原因,从而指导生产。

(1) 用螺纹千分尺测量外螺纹中径。在实际生产中,车间测量低精度螺纹常用螺纹千分尺。螺纹千分尺的结构与一般外径千分尺相似,只是两个测量面可以根据不同螺纹牙型和螺距选用不同的测量头。螺纹千分尺结构如图 5.31 所示。

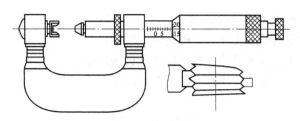

图 5.31　螺纹千分尺

（2）三针量法。三针量法是一种间接测量方法，主要用于测量精密螺纹（如丝杠、螺纹塞规）的中径 d_2，如图 5.32 所示。根据被测螺纹的螺距和牙型半角选取 3 根直径相同的小圆柱放在牙槽里，用接触式量仪和测微量具测出尺寸 M 值，根据已知的螺距 P、牙型半角和量针直径 d_0，按下式计算出螺纹中径的实际尺寸。

$$d_2 = M - d_0\left(1 + \frac{1}{\sin\frac{\alpha}{2}}\right) + \frac{P}{2}\cot\frac{\alpha}{2} \quad (5-10)$$

对于公制普通螺纹，$\alpha = 60°$ 时，$d_2 = M - 3d_0 + 0.866P$。

为避免牙型半角偏差对测量结果的影响，量针直径应按照螺纹螺距选取，以使量针在中径线上与牙侧接触，这样的量针直径称为最佳量针直径 $d_{0最佳}$。

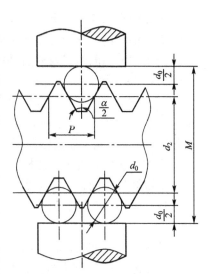

图 5.32　三针量法测中径

$$d_{0最佳} = \frac{P}{2\cos\frac{\alpha}{2}} \quad (5-11)$$

对于公制普通螺纹，$d_{0最佳} = 0.577P$。

（3）用工具显微镜测量螺纹各参数。用工具显微镜测量属于影像法测量，这种方法能测量螺纹的各种参数，如测量螺纹的大径、中径、小径、螺距和牙型半角等。各种精密螺纹，如螺纹量规、丝杠、螺杆等，都可在工具显微镜上进行测量。测量时可参阅有关仪器使用说明资料。

5.3.4　实训项目

1. 实训目的

（1）掌握有关螺纹公差的基本术语。

（2）熟悉螺纹公差与配合国家标准的基本内容，学会使用标准确定螺纹的公差带代号及配合代号。

（3）掌握有关螺纹极限尺寸、极限偏差、公差的计算。

2. 实训内容

识读图 1.2 所示的丝杠零件图，螺纹标注为 M16－7g6g－L，完成以下任务。

(1) 计算螺纹大径的基本尺寸、极限偏差及极限尺寸。
(2) 计算螺纹中径的基本尺寸、极限偏差及极限尺寸。
(3) 计算螺纹小径的基本尺寸、极限偏差及极限尺寸。

拓展与练习

1. 滚动轴承精度分为哪几种等级？各适用于哪些场合？
2. 滚动轴承内、外径公差带有何特点？
3. 滚动轴承内圈内径及外圈外径公差带与一般基孔制的基准孔及一般基轴制的基准轴公差带有何不同？
4. 有一成批生产的开式直齿轮减速器转轴上安装 6209/P_0 深沟球轴承，承受的当量径向负荷为 1500N，工作温度 t 小于 60℃，内圈与轴旋转。试选择与轴、外壳孔结合的轴承公差带、形位公差及表面粗糙度，并标注在装配图和零件图上(装配图自己设计)。
5. 平键联接中，键宽与键槽宽的配合采用的是哪种基准制？为什么？
6. 平键联接的配合种类有哪些？它们分别应用于什么场合？
7. 什么是矩形花键的定心方式？有哪几种定心方式？国家标准为什么规定采用小径定心？
8. 某减速器中的轴和齿轮间采用普通平键联接，已知轴和齿轮孔的配合尺寸是 ϕ60mm。试确定键槽(轴槽和轮毂槽)的剖面尺寸及其公差带、相应的形位公差和各个表面的粗糙度参数值，并把它们标注在剖面图中。
9. 某矩形花键联接的标记代号为：6×26H7/g6×30H10/a11×6H11/f9，试确定内、外花键的主要尺寸的极限偏差及极限尺寸。
10. 普通螺纹的基本几何参数有哪些？
11. 影响螺纹互换性的主要因素有哪些？
12. 普通螺纹中径公差分几级？内、外螺纹有何不同？常用的是多少级？
13. 查表确定 M20－6H/6g 的内、外螺纹的中径、小径和大径的基本尺寸和极限偏差，并计算内、外螺纹的中径、小径和大径的极限尺寸。
14. 解释下列螺纹标记的含义。
(1) M20×2－5H6H－L   (2) M24×2－7H
(3) M20LH－7g6g－40   (4) M12－6H/6g
15. 有一外螺纹 M18×2－6g，测得实际中径 d_{2a}＝16.590mm，螺纹累积偏差 ΔP_Σ＝＋25μm，牙型半角偏差 $\Delta\alpha_{12}$＝＋30′，$\Delta\alpha_{22}$＝－40′，试求其作用中径 d_{2m}，并判断此螺纹是否合格？

项目 6

尺 寸 链

> 学习目的与要求

(1) 掌握尺寸链相关概念。
(2) 掌握尺寸链的组成、分类和计算方法。
(3) 掌握尺寸链计算的解题步骤。
(4) 掌握尺寸链计算的类型。
(5) 能够根据具体情况，进行尺寸链的求解。

任务 6.1　工艺尺寸链的计算

6.1.1　任务描述

在图 6.1 所示的结构中，按工作条件要求需要保证间隙 $A_0=0.10\sim0.50$ mm，已知：$A_1=30_{-0.10}^{0}$ mm，$A_2=4_{-0.05}^{0}$ mm，$A_3=43_{+0.10}^{+0.20}$ mm，$A_4=3_{-0.05}^{0}$ mm，$A_5=6_{-0.05}^{0}$ mm。试校核能否保证齿轮部件装配后的技术要求。

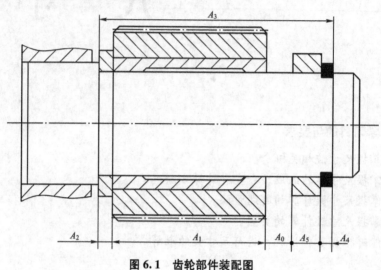

图 6.1　齿轮部件装配图

6.1.2　任务实施

1. 确定封闭环

根据已知条件，要求保证的间隙 $A_0=0.10\sim0.50$ mm 为封闭环。

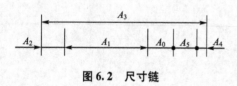

图 6.2　尺寸链

2. 查明组成环、绘制尺寸链

从封闭环 A_0 出发，将相关尺寸顺次首尾相接，画出尺寸链如图 6.2 所示。

3. 判断增、减环

增环：$A_3=43_{+0.10}^{+0.20}$ mm

减环：$A_1=30_{-0.10}^{0}$ mm，$A_2=4_{-0.05}^{0}$ mm，$A_4=3_{-0.05}^{0}$ mm，$A_5=6_{-0.05}^{0}$ mm

4. 代入式(6-1)、式(6-4)及式(6-5)计算

基本尺寸：$A_0=A_3-(A_1+A_2+A_4+A_5)=43-30-4-3-6=0$

极限偏差：$ES_0=0.2-(-0.1-0.05-0.05-0.05)=0.45$ (mm)

$EI_0=0.10$ mm

所以，齿轮装配后形成的间隙为 0.10～0.45 mm，在需要保证的间隙 0.10～0.50 mm 范围内，可以满足要求。

6.1.3 知识链接

在机器设计、制造和装配过程中，零件的设计尺寸之间、工艺尺寸之间、各零部件和整机之间的精度往往有内在的联系，并且相互影响。因此，在机器设计中，除了需要进行运动、强度和刚度等计算外，还需进行几何精度计算，以合理地分配公差，分析精度设计的合理性，从而保证经济地加工和顺利地装配。尺寸链计算正是几何精度设计的基本方法。

1. 尺寸链的基本概念

1) 尺寸链

尺寸链是指在机器的装配或零件的加工过程中，由相互联系的尺寸按一定顺序连接成的封闭尺寸组。尺寸链研究的主要对象是机械零件之间的几何参数，包括长度尺寸与角度尺寸微小变化的关系。这些尺寸的微小变化最终体现为对机器质量各个相应性能指标的影响。

如图 6.3 所示，半联轴器的轴向尺寸由法兰边缘厚度 A_0、法兰全长 A_1 和法兰肩 A_2 组成一个简单的封闭尺寸链。显然，尺寸链至少由 3 个尺寸组成，它们的大小相互联系，相互影响，即尺寸链不仅具有封闭性，还具有关联性。

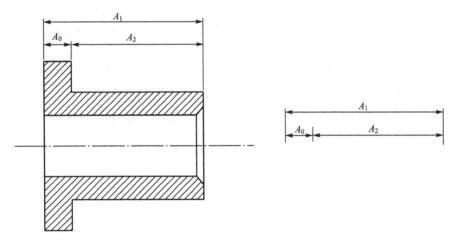

图 6.3 尺寸链图

2) 环

尺寸链中，每一个尺寸都称为环，环可分为封闭环和组成环。

(1) 封闭环。封闭环是指加工或装配过程中最后形成的那个尺寸，通常用 A_0 或 A_Σ 表示，如图 6.1 和图 6.3 中的 A_0。

(2) 组成环。尺寸链中除了封闭环外的其他各环称为组成环，通常用 A_i ($i=1, 2, 3, \cdots$) 表示。根据组成环对封闭环影响的不同，又分为增环和减环。

在其他组成环不变的条件下，若某一组成环尺寸增大(或减小)，封闭环尺寸也随之增大(或减小)，则该组成环称为增环，如图 6.1 中的 A_3、图 6.2 中 A_1；在其他组成环不变的条件下，若某一组成环尺寸增大(或减小)，封闭环尺寸也随之减小(或增大)，则该组成环称为减环，如图 6.1 中的 A_1、A_2、A_4、A_5 和图 6.2 中 A_2。

有时对增、减环的判别根据定义不是很容易,如图 6.4 所示的尺寸链,当 A_0 为封闭环时,增、减环的判别较困难,这时可用回路法进行判别。

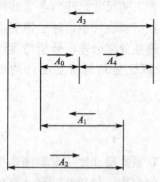

图 6.4 回路法判别增、减环

回路法是指从封闭环 A_0 出发,顺着一定的路线标箭头,凡是箭头方向与封闭环方向相反的环就为增环;凡是箭头方向与封闭环方向相同的环就为减环。如图 6.4 所示, A_1 和 A_3 箭头方向与 A_0 方向相反,故为增环; A_2 和 A_4 箭头方向与 A_0 方向相同,故为减环。

2. 尺寸链的分类

尺寸链的研究对象是一个误差彼此制约的广义尺寸系统,其基本关系就是组成环及封闭环之间的相互影响关系。对尺寸链进行分类,有利于从不同的需要,针对性地研究特定领域的某些问题。可以从不同的角度对尺寸链进行分类,常见的分类如下所述。

1) 按应用场合分

(1) 装配尺寸链。在机器或部件的装配过程中,由机器或部件内若干个相关零件构成的互相联系的尺寸链,称为装配尺寸链,如图 6.1 所示。装配尺寸链主要用于分析保证装配精度的问题,它不仅与组成装配件的各个零件尺寸有关,还与装配方法有关。

(2) 零件尺寸链。全部组成环为同一零件的设计尺寸所形成的尺寸链,称为零件尺寸链,如图 6.3 所示。

(3) 工艺尺寸链。在零件的加工过程中,由有关工序尺寸、设计尺寸或加工余量等所组成的尺寸链,称为工艺尺寸链,如图 6.5 所示。

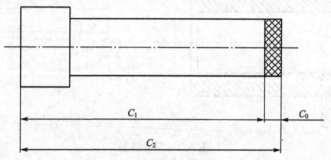

图 6.5 工艺尺寸链

2) 按各环所在的空间位置分

(1) 线性尺寸链。全部尺寸位于两根或几根平行直线上的尺寸链,称为线性尺寸链(也称直线尺寸链),如图 6.2 和图 6.4 所示。

(2) 平面尺寸链。全部尺寸位于同一个或几个平行平面内的尺寸链,称为平面尺寸链,如图 6.6 所示。

(3) 空间尺寸链。全部尺寸不位于同一个或几个平行平面内的尺寸链,称为空间尺寸链,如图 6.7 所示。

尺寸链中常见的是线性尺寸链,平面尺寸链和空间尺寸链可以用坐标投影的方法转为线性尺寸链。

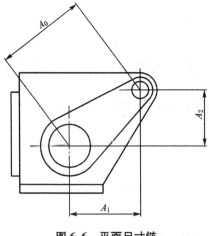

图 6.6 平面尺寸链

图 6.7 空间尺寸链

3) 按各环尺寸的几何特性分

(1) 长度尺寸链。各环均为长度尺寸的尺寸链,称为长度尺寸链,如图 6.3 所示。

(2) 角度尺寸链。各环均为角度尺寸的尺寸链,称为角度尺寸链,如图 6.8 所示。

角度尺寸链常用于分析和计算机械结构中有关零件要素的位置精度,如平行度、垂直度和同轴度等。

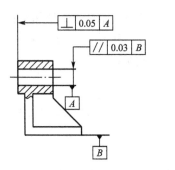 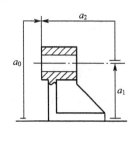

图 6.8 角度尺寸链

3. 尺寸链的建立

尺寸链由正确实现机器各项功能指标的客观载体的特征参数组成。尺寸链原理是控制误差,保证设计精度的科学。建立尺寸链的基本关系是求解尺寸链、进行精度设计的关键。只有正确地构造尺寸链,选择具有代表意义的封闭环,才可能在精度设计中正确分配组成环公差,合理协调设计对象各项精度指标的要求。

尺寸链的建立一般需要 3 个步骤:确定封闭环、查明组成环和绘制尺寸链简图。

1) 确定封闭环

一个尺寸链中只有一个封闭环。

对于装配尺寸链而言,封闭环就是产品上有装配精度要求的尺寸,如同一个部件中各零件之间相互位置要求的尺寸或保证相互配合零件配合性能要求的间隙或过盈量。对于零件尺寸链而言,封闭环应为公差等级要求最低的环,一般在零件图上不进行标注,以免引起加工中的混乱。而工艺尺寸链的封闭环是在加工中最后自然形成的环,一般为被加工零件要求达到的设计尺寸或公益过程中需要的余量尺寸。

分析机器的装配形式,找出体现最终自然尺寸或性能需要的封闭环是构造尺寸链必须完成的第一步,也是将机械设计各项功能指标进行形式化处理的第一步。一般而言,封闭环是尺寸链中在装配过程或加工过程最后形成的一环,它直接反映机器或零部件的主要性能指标。

总之,封闭环的选择,最终要确保封闭环所体现的是各种公差要求的组合约束,是各项功能指标得以实现的直接载体。

2)查明组成环

在建立尺寸链时,应遵守"最短尺寸链原则",即对于某一封闭环,若存在多个尺寸链,则应选择组成环的个数最少的尺寸链进行分析计算。利用尺寸链封闭性特点发现尺寸链的组成要素。

所谓尺寸链的封闭性,是指尺寸链中的组成环首尾相接与封闭环形成一个闭环的链形结构,因此,从与封闭环两端相连的任一组成环开始,依次查找相互联系而又影响封闭环的尺寸,直至回到封闭环的另一端为止,这其中的每一个尺寸都是尺寸链的组成环。

值得注意的是,每个零件均由很多几何要素组成,但是,并不一定所有特征要素都参与组成尺寸链。为了便于查询尺寸链的组成环,应以功能为线索,以实现功能的若干参与功能链的零件体素特征作为相应尺寸链组成环。

3)绘制尺寸链图

从封闭环的某一端开始,依次绘制出所有组成环,直至封闭环的另一端,形成尺寸链图。在尺寸链图中,常用带箭头的尺寸线表示各环,这些尺寸线只表达尺寸之间的相对位置关系,不表示大小关系,因此,不需要按照比例画出。

4. 尺寸链的计算方法和类型

在建立尺寸链之后,需要进行尺寸链组成环精度的分配及尺寸链基本尺寸的检验,这些都需要求解尺寸链。

1)尺寸链的计算方法

尺寸链的计算方法是以等公差法或等精度法为基础发展起来的。常用的计算方法是极值法和概率法。

(1)极值法。极值法是按误差综合后的两个最不利的情况,即各个增环皆为最大极限尺寸而各减环皆为最小极限尺寸的情况,以及各增环皆为最小极限尺寸而各减环皆为最大极限尺寸的情况,来计算封闭环极限尺寸的方法。

显然,极值法是以极限尺寸为基础的一种尺寸链求解方法。对按照此方法计算出的尺寸加工工件各组成环的尺寸,则无需进行挑选或修配就能将工件装在机器上,并且能达到封闭环的精度要求,因此,极值法又称完全互换法。

(2)概率法。概率法又称统计法。批量生产时,各环的实际尺寸出现极值的概率很小,而各环同时出现极值的概率更小。因此,在批量生产时,特别是环数较多时,用极值法解尺寸链不经济,偏于保守。此时采用概率法更为合理。概率法的实质是考虑了零件实际尺寸的分布规律,实际尺寸多在平均尺寸附近,组成环公差可以放大,从而获得较好的经济效益。

所谓概率法,是根据零件的实际尺寸的分布规律,应用概率论的原理,从零部件可以完全互换或大数互换的要求出发，依据各环尺寸的误差分布特性而求解的计算方法。采用概率法，不是在全部产品中，而是在绝大多数产品中，装配时不需挑选或修配就能满足封闭环的公差要求，即保证大多数互换。

2) 尺寸链的计算类型

尺寸链的计算方法必须与研究对象的制造水平、生产批量和实际装配方法等取得一致。根据计算原理和已知条件的不同，尺寸链计算类型见表6-1。

表6-1 尺寸链计算类型

计算类型		特点与说明	适用场合
校核计算	正计算	已知各组成环的极限尺寸，求封闭环的极限尺寸	验算设计的正确性
设计计算	反计算	已知封闭环的极限尺寸和各组成环的基本尺寸，求各组成环的极限偏差	根据机器的使用要求来分配各零件的公差
	中间计算	已知封闭环和部分组成环的极限尺寸，求某一组成环的极限尺寸	工艺尺寸链计算

在尺寸链的计算过程中必须注意：虽然在尺寸链初步形成之后，一开始并不能完全确定组成环的基本尺寸和公差，但是反映功能指标的各封闭环已经确定下来，而且封闭环的数值也已经量化表示。当然，封闭环的数值量也是允许向提高功能指标的方向调整。

总之，尺寸链的基本理论，无论对机器的设计，或零件的制造、检验，以及机器的部件(组件)装配、整机装配等，都是一种很有实用价值的。如能正确地运用尺寸链计算方法，可有利于保证产品质量、简化工艺、减少不合理的加工步骤等。尤其在成批、大量生产中，通过尺寸链计算，能更合理地确定工序尺寸、公差和余量，从而能减少加工时间，节约原料，降低废品率，确保机器装配精度。

5. 极值法求解尺寸链

极值法是尺寸链计算中的最基本的方法，可以用于尺寸链的各种计算类型。

1) 基本计算公式

设尺寸链的组成环数为 m，其中 n 个增环，$(m-n)$ 个减环，A_0 为封闭环的基本尺寸，A_i 为组成环的基本尺寸。

(1) 封闭环的基本尺寸。封闭环的基本尺寸等于所有增环的基本尺寸之和减去所有减环的基本尺寸之和。即

$$A_0 = \sum_{i=1}^{n} A_i - \sum_{i=n+1}^{m} A_i \tag{6-1}$$

(2) 封闭环的极限尺寸。封闭环的最大极限尺寸等于所有增环的最大极限尺寸之和减去所有减环的最小极限尺寸之和；封闭环的最小极限尺寸等于所有增环的最小极限尺寸之和减去所有减环的最大极限尺寸之和。

即

$$A_{0\max} = \sum_{i=1}^{n} A_{i\max} - \sum_{i=n+1}^{m} A_{i\min} \tag{6-2}$$

$$A_{0\min} = \sum_{i=1}^{n} A_{i\min} - \sum_{i=n+1}^{m} A_{i\max} \tag{6-3}$$

(3) 封闭环的极限偏差。封闭环的上偏差等于所有增环的上偏差之和减去所有减环的下偏差之和；封闭环的下偏差等于所有增环的下偏差之和减去所有减环的上偏差之和。

即

$$ES_0 = \sum_{i=1}^{n} ES_i - \sum_{i=n+1}^{m} EI_i \tag{6-4}$$

$$EI_0 = \sum_{i=1}^{n} EI_i - \sum_{i=n+1}^{m} ES_i \tag{6-5}$$

(4) 封闭环的公差。封闭环的公差等于封闭环的最大极限值减封闭环的最小极限值，也等于封闭环的上偏差减封闭环的下偏差，也等于所有增环的公差与所有减环的公差之和，即所有组成环公差之和。

$$T_0 = A_{0max} - A_{0min} = ES_0 - EI_0 = \sum_{i=1}^{n} T_i + \sum_{i=n+1}^{m} T_i = \sum_{i=1}^{m} T_i \tag{6-6}$$

式中 T_i——组成环的公差。

2) 极值法求解尺寸链的应用举例

运用极值法求解尺寸链可按照先建立尺寸链，再利用公式求解的过程进行。具体可按下面的步骤进行求解。

(1) 确定封闭环。

(2) 查明组成环，绘制尺寸链。

(3) 判断增、减环。

(4) 代入公式计算。主要根据式(6-1)计算基本尺寸，根据式(6-4)和式(6-5)计算极限偏差。

【例 6-1-1】 如图 6.9 所示零件，设计时，以与 $\phi50$mm 同心圆的交点为设计基准设计 $R5$ 的圆弧槽。单件小批生产，通过试切法获得尺寸时，显然在圆弧槽加工后，尺寸就无法测量。试利用尺寸链的相关知识，分析如何保证 $R5$mm 圆弧槽的尺寸精度。

解：方法一：以 $\phi50$mm 下母线为测量基准进行求解，引入尺寸 $t_{\Delta xt}^{\Delta st}$，如图 6.10(a) 所示。

(1) 确定封闭环。图 6.9 中外径尺寸是由上道工序加工直接保证的，尺寸 t 应在本测量工序中直接获得，均为组成环；而 $R5$mm 是最后自然形成且满足零件图设计要求的，故其为封闭环，即封闭环为 $5_{-0.30}^{\ 0}$mm。

(2) 查明组成环、绘制尺寸链。

从 $5_{-0.30}^{\ 0}$mm 出发，将相关尺寸顺次首尾相接，画出尺寸链如图 6.10(b) 所示。

(3) 判断增、减环。

增环：$50_{-0.10}^{\ 0}$mm

减环：$t_{\Delta xt}^{\Delta st}$

(4) 代入式(6-1)、式(6-4)及式(6-5)计算。

基本尺寸：$5 = 50 - t$，故 $t = 45$mm。

极限偏差：$0 = 0 - \Delta xt$，故 $\Delta xt = 0$；

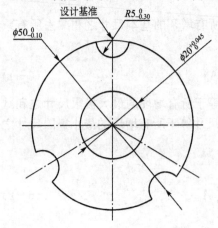

图 6.9 尺寸链计算示例一

$-0.3 = -0.1 - \Delta st$，故 $\Delta st = 0.2$ mm。

所以，测量尺寸 $t_{\Delta xt}^{\Delta st} = 45_{0}^{+0.20}$ mm。

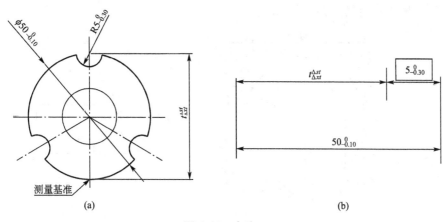

图 6.10　方法一

方法二：以 $\phi 20$ 内孔上母线 C 为测量基准进行求解，引入尺寸 $h_{\Delta xh}^{\Delta sh}$，如图 6.11(a) 所示。

(1) 确定封闭环。同方法一，封闭环依然是 $5_{-0.30}^{0}$ mm。

(2) 查明组成环、绘制尺寸链。从 $5_{-0.30}^{0}$ mm 出发，将相关尺寸顺次首尾相接，画出尺寸链如图 6.11(b) 所示。

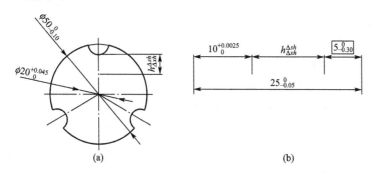

图 6.11　方法二

(3) 判断增、减环。

增环：$25_{-0.05}^{0}$ mm

减环：$h_{\Delta xh}^{\Delta sh}$、$10_{0}^{+0.0225}$ mm。

(4) 代入式(6-1)、式(6-4)及式(6-5)计算。

基本尺寸：$5 = 25 - h - 10$，故 $h = 10$ mm。

极限偏差：$0 = 0 - \Delta xh$，故 $\Delta xh = 0$；

$-0.3 = -0.05 - (\Delta sh + 0.0225)$，故 $\Delta sh = 0.2275$ mm。

所以，测量尺寸 $h_{\Delta xh}^{\Delta sh} = 10_{0}^{+0.2275}$ mm。

【例 6-1-2】　某一带键槽的齿轮孔，要淬火及磨削，其设计尺寸如图 6.12(a) 所示。具体工序如下。

工序 1：镗内孔至尺寸 $\phi 39.6_{0}^{+0.1}$ mm。

工序2：插键槽至尺寸 $A_{\Delta xA}^{\Delta sA}$。
工序3：热处理。
工序4：磨内孔至尺寸 $\phi 40_{0}^{+0.05}$ mm。

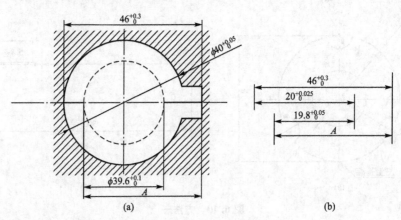

图6.12　尺寸链计算示例二

解：(1) 确定封闭环。根据齿轮孔的加工工序过程，尺寸 $\phi 46_{0}^{+0.3}$ mm 是自然形成的尺寸，故其为封闭环。

(2) 查明组成环、绘制尺寸链。从 $\phi 46_{0}^{+0.3}$ mm 出发，将相关尺寸顺次首尾相接，画出尺寸链如图 6.12(b) 所示。

(3) 判断增、减环。利用回路法，判断组成环的性质。

增环：$A_{\Delta xA}^{\Delta sA}$、$20_{0}^{+0.025}$ mm

减环：$19.8_{0}^{+0.05}$ mm

(4) 代入式(6-1)、式(6-4)及式(6-5)计算。

基本尺寸：$46=A+20-19.8$，故 $A=45.8$ mm。

极限偏差：$0.3=\Delta sA+0.025-0$，故 $\Delta sA=0.275$ mm；

$0=\Delta xA+0-0.05$，故 $\Delta xA=0.05$ mm。

所以，尺寸 $A=45.8_{+0.050}^{+0.275}$ mm。

6.1.4　实训项目

1. 实训目的

(1) 掌握尺寸链图的绘制方法。
(2) 能够判断封闭环、增环、减环。
(3) 熟练应用极值法解尺寸链。

2. 实训内容

如图 6.13 所示的套筒零件，除缺口 B 外，其余表面均已加工，试完成以下实训内容。
(1) 加工缺口 B 保证尺寸 $8_{0}^{+0.2}$ mm 时，有几种定位方案？
(2) 计算出各种定位方案的工序尺寸及其偏差。
(3) 判断哪个方案最好，哪个方案最差，并说明理由。

项目6 尺寸链

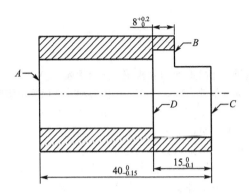

图 6.13 套筒零件

拓展与练习

1. 什么是尺寸链？通常有几种分类方法？
2. 封闭环在尺寸链的作用有哪些？
3. 尺寸链的计算有哪些类型？
4. 为什么封闭环的公差比任何一个组成环的公差都大？尺寸链建立时应遵守什么原则？
5. 如何确定尺寸链的封闭环和组成环？如何区分增环和减环？
6. 尺寸链在机械设计、制造过程中有何重要作用？
7. 如图 6.14 所示的零件，A 面与 B 面之间的尺寸 B_0 不便直接测量，通常可通过测量 A 面和 C 面间的尺寸 B_1 及 B 面和 C 面的尺寸 B_2 而间接获得。若已知尺寸 $B_1=(60\pm 0.2)$ mm，已经检查合格，应保证的尺寸 $B_0=(25\pm 0.3)$ mm，试计算工序尺寸 B_2。

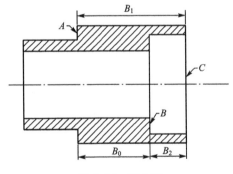

图 6.14 题 7 图

参 考 文 献

[1] 黄云清. 公差配合与测量技术 [M]. 北京：机械工业出版社，2001.
[2] 胡荆生. 公差配合与技术测量基础 [M]. 北京：中国劳动社会保障出版社，2004.
[3] 娄琳. 公差配合与测量技术 [M]. 北京：人民邮电出版社，2009.
[4] 张秀芳. 公差配合与精度检测 [M]. 北京：电子工业出版社，2009.
[5] 吕天玉. 公差配合与测量技术 [M]. 大连：大连理工大学出版社，2008.
[6] 机械工程师手册编写委员会. 机械工程师手册 [M]. 北京：机械工业出版社，2007.
[7] 杨铁牛. 互换性与技术测量 [M]. 北京：电子工业出版社，2010.
[8] 夏家华，沈顺成. 互换性与技术测量基础 [M]. 北京：北京理工大学出版社，2010.
[9] 张春荣，支保军. 公差配合与测量技术 [M]. 北京：北京交通大学出版社，2011.
[10] 贾华生，邢月先. 公差配合与技术测量 [M]. 北京：北京理工大学出版社，2012.
[11] 孔庆玲. 公差配合与技术测量 [M]. 北京：清华大学出版社，2009.
[12] 韩志宏. 公差配合与测量 [M]. 北京：电子工业出版社，2011.
[13] 张慧民，韩立洋. 互换性与测量技术基础 [M]. 北京：北京师范大学出版社，2011.
[14] 赵岩铁. 公差配合与技术测量 [M]. 北京：北京航空航天大学出版社，2007.